湛庐 CHEERS

与最聪明的人共同进化

HERE COMES EVERYBODY

U0150899

CHEERS
湛庐

BIOLOGY
SCIENCE FOR LIFE

蓝藻猩猩
生物学

1

Colleen Belk
Virginia Borden Maier

[美] 科琳·贝尔克　[美] 弗吉尼娅·博登·梅尔　著

李哲　胡坤　刘淑华　译

浙江教育出版社 · 杭州

这些与生活息息相关的生物学知识，你知道多少？

- 营养补充剂有可能代替日常传统饮食吗？（ ）

  A. 有

  B. 无

- 运动时，补充水分的更好选择是：（ ）

  A. 喝白水

  B. 喝运动饮料

- 有些人怎么吃都不会胖，有些人喝白水也会发胖，这其中的原因更可能是：（ ）

  A. 作息时间不一样

  B. 意志力不一样

  C. 运动量不一样

  D. "新陈代谢"速度不一样

扫描左侧二维码查看本书更多测试题

以故事的形式介绍科学，可以激发我们这些非科学专业人士的科学兴趣，启发我们的科学思维。所以讲述科学故事能够促进科学与人文这两个独立的领域的融合。对教育工作者来说，通过讲述科学故事吸引年轻人了解科学知识，这无疑是一种激动人心的尝试与探索。

——

爱德华·威尔逊 (Edward O. Wilson) ①

---

① 自然科学巨擘，社会生物学之父，世界知名的蚂蚁研究专家。其写作生涯中的多部重磅作品《社会性征服地球》《人类存在的意义》《半个地球》《创造的本源》《博物学家》《蚁丘》已由湛庐引进，分别由浙江教育出版社、浙江人民出版社出版。

——编者注

BIOLOGY
SCIENCE
FOR LIFE
赞誉

本书含有趣的提问和符合现代研究进展的回答，"学伤"了的读者完全不需要担心。这套"妙趣横生的名校通识课"覆盖"天、地、生"，让你在快乐阅读的同时能收获满满。

刘华杰

北京大学科学传播中心教授

"妙趣横生的名校通识课"是一套由培生出版的经典教材，涵盖生物学、宇宙学和地球科学等多个领域。这套书的内容源自名校的优秀教授妙趣横生的课堂，通过问题引导和科学解答的方式，结合最新的科学发现和案例，帮助读者在探索中提升科学素养，激发对知识的兴趣。这是一套既有趣又充满智慧的通识读物，值得每一位爱好科学的读者细细品读。

苟利军

中国科学院国家天文台研究员
中国科学院大学教授

我常去给各种读者讲恐龙的故事，恐龙是我与他们之间沟通的桥梁。在我看来，这套"妙趣横生的名校通识课"中的一个个问题，也是一座座桥梁，连接起了读者的好奇心与自然世界。不仅如此，这套书还给大家展示了如何寻求问题答案的过程，这对于我们的思维方式养成至关重要。科学的精神包括好奇心、探索力、想象力，希望这套书能带你领略科学之美。

邢立达

青年古生物学者

知名科普作家

"妙趣横生的名校通识课"这套书的内容都取自世界名校杰出教授的课堂，涉及生物学、宇宙学和地球科学等多个领域，这些内容综合在一起，可以帮助读者更全面、更整体地理解世界。

鉴于我独特的成长经历，我对动物，尤其是昆虫有着特别的情感。昆虫是这个地球上当之无愧的王者，具有人类所不及的能力和高超生存智慧。同时我也知道，自然科学知识是现在很多人知识体系中缺失的一部分，而这套书提供了一个起点，可以让读者通过探究书中的问题和答案，填补知识空缺，了解自己周边的自然世界，汲取自然的"大智慧"。

陈睿

国内权威自然科普作家

科学教育专家

目录

赞 誉

第一部分　细胞

01　生命的本质是什么?　003

Q1 僵尸是生物吗?　006

Q2 考试时喝水真的能够提高成绩吗?　007

Q3 利用化学知识可以揭开百慕大三角之谜?　009

Q4 吃零食会让孩子变得更兴奋吗?　011

Q5 只要一直进化,人类就会拥有 X 战警般的超能力吗?　016

02 营养是如何被身体吸收的？　　021

Q1 自来水、瓶装水和运动饮料，喝什么更健康？　024

Q2 服用营养补充剂一定能提高运动效果吗？　032

Q3 营养补充剂有可能代替传统饮食吗？　038

03 健康的标准是什么？　　045

Q1 为什么吃的同样多，有的人却更容易变胖？　048

Q2 为什么呼吸一刻也不能停？　051

Q3 为什么节食后体重反而容易反弹？　060

04 全球气候变暖会带来哪些影响？　　067

Q1 极端天气为什么越来越多？　070

Q2 地球正在经历千年一遇的高温气候？　074

Q3 光合作用能减缓全球变暖吗？　077

Q4 高温会给全球植物带来哪些破坏？　082

Q5 面对全球气候变暖，我们能做些什么？　086

第二部分　遗传

05　癌症为什么如此可怕?　093

Q1　人为什么会患上癌症?　096

Q2　癌细胞为什么会扩散?　098

Q3　年龄越大,患癌风险就会越高?　104

Q4　如何预防、检测和治疗癌症?　110

06　如何做到优生优育?　117

Q1　我们的基因是如何从父母那里遗传来的?　120

Q2　人类的最佳生育年龄是几岁?　128

Q3　如何科学备孕,提高怀孕的概率?　130

07　孟德尔揭示了什么遗传规律?　141

Q1　为什么有些"幸运儿"拥有突变基因
但不发病?　144

Q2　孟德尔遗传学揭开了基因的哪些奥秘?　153

Q3　为什么 A 型血不能输给 B 型血的患者?　163

Q4　为什么患有红绿色盲的男性比女性多?　166

08 遗传学可以帮助侦破犯罪吗?   173

Q1 为什么目击者的证词大多不靠谱?   176

Q2 有些人生来就带有犯罪的倾向?   180

Q3 为什么 DNA 图谱鉴定如此强大?   188

09 转基因技术如何改变我们的生活?   193

Q1 基因改造技术的科学原理是什么?   196

Q2 基因改造如何提升奶牛的产奶量?   206

Q3 转基因食品都是安全的吗?   210

Q4 人类能通过运用基因改造技术克服绝症吗?   215

BIOLOGY
SCIENCE FOR LIFE

第一部分

细 胞

BIOLOGY
SCIENCE FOR LIFE

01

生命的本质是什么?

妙趣横生的生物学课堂

· 僵尸是生物吗？

· 考试时喝水真的能够提高成绩吗？

· 利用化学知识可以揭开百慕大三角之谜？

· 吃零食会让孩子变得更兴奋吗？

· 只要一直进化，人类就会拥有 X 战警般的超能力吗？

　　我们的生活中充斥着所谓的基于科学的虚假信息。有些所谓的科学假设，只不过是有一定科学依据的无害的娱乐方式，例如影视作品、科幻小说中所描绘的僵尸；有些低劣的科学言论，只有幼稚的孩子或无知的人才会相信，例如在百慕大三角消失的飞机和船只。

　　但仍然存在一些貌似合理的可疑主张，这些主张足以使人们难以确定是否应该相信它。比如有人告诉你，在考试时带一瓶水会考得更好，你会不会相信他的话？许多家长认为，如果孩子吃了糖果或饮用了含糖饮料会过度兴奋，这是真的吗？有人在感恩节晚餐吃了火鸡后就想小睡一会儿，那是因为他们懒惰，还是火鸡里的某种成分让人感觉疲劳呢？

　　上述例子的这些说法都对人无害。带瓶水去考试，限制甜食的摄入量，或者在感恩节晚餐后小睡一会儿，这些都不会对你造成伤害。但是，花费金钱请占卜师用水晶或磁铁占卜来治疗疾病，或者试图用替代疗法而不是使用有治疗依据可参照的方法来治疗癌症，那会如何呢？相信错误的信息将会给人们带来伤害。

　　有时人们会宣称某种产品或某种结论有科学依据，但事实并非如此。例如，仅仅从一项研究中得出的结果往往仅供参考。因为如果实验设计不佳或实验控制不当，将造成实验结果的不正确，由此会导致人们得出的结论是错误的。在其他情况下，有些不道德的人会试图利用"科学"为他们想要推广的信念或意识形态提供合理性。用错误的科学观点推论出的主张，或者缺乏科学证据支持的可疑主张，这些都被称为伪科学。

如今，辨别某观点或产品的科学实证是否可靠，已经成为一种技能。本章内容，将帮助你发展这种为科学去伪存真的技能，用现实中的案例，使你认清什么是缺乏科学证据支撑的科学言论、低劣的科学以及伪科学，同时将带领我们认识什么是水、生物化学和细胞，以及明确生命的定义。

Q1　僵尸是生物吗?

假想一下，人类死尸复活后会变成僵尸，靠吃活人的肉而存活。即便这种假设真实存在，我们也知道，实际上僵尸不是活的，即它们是死不了的或者是行尸走肉，这是僵尸定义里体现的固有特征！但僵尸确实与其他生物有许多共同特征。

生物的特征是包含一套常见的生物分子，由细胞组成。大多数生物还具有一些其他特征，包括生长、运动、繁殖、对外部环境刺激做出反应以及新陈代谢。新陈代谢包括细胞内发生的所有化学过程，包括分解物质以产生能量、生命所需物质的合成以及这些过程所产生的废物的排泄。

乍一看，僵尸似乎具有生命这一定义中的某些特征。僵尸可以移动，即使它们的行动有时会因它们遭受的各种伤痛而受阻。僵尸似乎还能繁殖，因为当僵尸攻击活人时，就会产生更多的僵尸。同样，僵尸甚至会对有限的刺激做出反应，它们攻击人类、吞食人肉。

然而，如果我们仔细观察就会产生这样的疑问：僵尸与生物到底有多相像？它们不会生长，在大多数情况下，儿童僵尸并不会随着时间的推移而长成成年僵尸。虽然我们在电视上看到或者在书本中读到僵尸咬人后会产生更多的僵尸，但这与生物的繁殖方式截然不同。当生物繁殖时，它们会把遗传信息传给后代。僵尸也不可能将它们所吃的人肉代谢掉。它们吃人肉似乎更多是为了使更多人变成僵尸，而不是为自己提供营养。

生物的一大特征是实现体内稳态的能力，即在外部环境不断变化的情况下，身体内部环境能够维持稳定。大众电影似乎暗示了即使僵尸有多处皮肉伤，肢体破缺，它们仍擅于保持体温和血压。不过对于僵尸来说，每次攻击都会带来新的伤痛，再加上之前未愈合的伤痛的不断积累，因此，它们有限的调节体内稳态的能力并不能阻止它们不断衰败。

生物种群能够进化，也就是说，随着时间的推移，它们共有的特征会发生变化。因为僵尸不交配，也不能传递它们的基因，所以不可能实现进化。基于这一点，我们可以得出这样的结论：僵尸是没有生命的。当然，它们是科幻小说的产物！

人们觉得僵尸有趣，部分原因是它们的"存在"确实有一些科学合理性。它们处于一种介于生与死之间的状态；已感染的僵尸咬一口正常人就能使后者变成僵尸，这种方式类似我们所知的传染病的传播方式。这种科学上看似合理的概念与我们愿意接受的看似真实的事物混淆在一起，导致我们不再对僵尸的"存在"产生怀疑，因为使我们仿佛处于危险境地的娱乐元素多种多样，而僵尸只是其中之一。

Q2 考试时喝水真的能够提高成绩吗？

生命离不开水，但有关水同样存在有争议的说法：考试时喝水有助于考生取得更好的成绩。当东伦敦大学的研究人员验证这个假设时，他们发现实际情况也许确实如此（见图 1-1）。

在分析这项研究之前，让我们先了解一下水和其他分子的一些特性，这样就可以确定这些特性是否可以帮助解释研究结果。

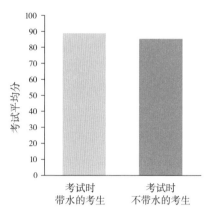

图 1-1　带水与否和考试成绩的关系

水是由氢和氧两种元素构成的。水分子（H_2O）的化学式表明，一个水分子包含两个氢原子（H）和一个氧原子（O）。类似水分子，分子通常由两个或两个以上通过化学键连接的原子构成。同时，一个分子可以由相同或不同的原子构成。例如，一个氧气分子（O_2）由两个相互连接的氧原子构成，而一个二氧化碳分子（CO_2）由一个碳原子和两个氧原子构成。

水有溶解多种物质的能力，是一种很好的溶剂。水分子是极性分子，这意味着水分子的电荷分布是不均匀、不对称的。当热能被传递到水中时，最初的作用是破坏水分子之间的氢键。此时，热能可以在不改变水温的情况下被吸收。只有在氢键断裂后，被传递到水中的热能才会使水的温度升高。换句话说，最初加入水中的热能被吸收了。

既然我们对水的特性已有了更好的理解，我们可以重新思考最初的那个问题：喝水是否有助于考生在考试中取得更好的成绩？不难想象，上述有关水的一些特性也许使水具备了帮助调节血压、将溶解的营养物质输送到包括大脑在内的身体各个部位并维持体温的功能。同时，我们不难想象，在紧张的考试中保持血压和体温稳定，并向思考中的大脑输送营养，可能意味着参加考试的人会有更好的表现。虽然这看似很好地回答了该问题，但是优秀的科学家绝不会因为某些结果具有可信性就轻易接受它们。他们还必须评估其他备择假设。

可能的情况是，考试准备更充分的考生会带水去考试。无论这些考生喝水与否，他们通常都能考出更高的分数。备择假设也许也能解释数据，但这一事实并不意味着原假设是不成立的，仅表明原假设还需要更多的检验。事实上，研究喝水和考试成绩之间关系的人员指出，将水带到考场的考生往往是高年级学生，高年级学生往往经历过更多的考试，因此可以相对更放松地面对考试。这一变量在后续的研究中需要加以控制。

Q3 利用化学知识可以揭开百慕大三角之谜？

百慕大三角位于佛罗里达海岸附近，其轮廓大致呈三角形。长久以来，有关所谓的百慕大三角区域船只和飞机失踪的概率大的说法甚嚣尘上，这些说法是基于科学还是伪科学呢？要想揭开百慕大三角谜题的答案，我们首先要回顾一下化学的基础知识。

生物化学系统是以碳元素为基础的。与含碳分子研究有关的化学分支学科被称为有机化学。碳与其他元素相互作用，产生了构成所有生物的更为复杂的分子。这些相互作用，或化学键，遵循了一些简单的模式。

化学键

化学键有助于稳定纯净物分子或晶体的结构。一般来说，这涉及电子的共享或转移。

当电子在带两个或多个原子之间转移时，离子键就形成了。例如，当一个钠原子将一个电子转移给一个氯原子时产生了氯化钠（NaCl），此时离子键就形成了。当中性钠原子将它的电子转移时就变成了带正电荷的钠离子（Na^+），得到该电子的中性氯原子则带负电荷（Cl^-）。这些分别带有正负电荷的离子相互吸引，形成了离子键。

相反，共享电子的原子间则形成共价键。当两个含有未配对电子的原子结合形成电子对时，就形成了单键，单键用一条短线来表示，表明一对共享电子（见图 1-2a）。双键包含两对共享电子，并由两条平行线表示（见图 1-2b）。

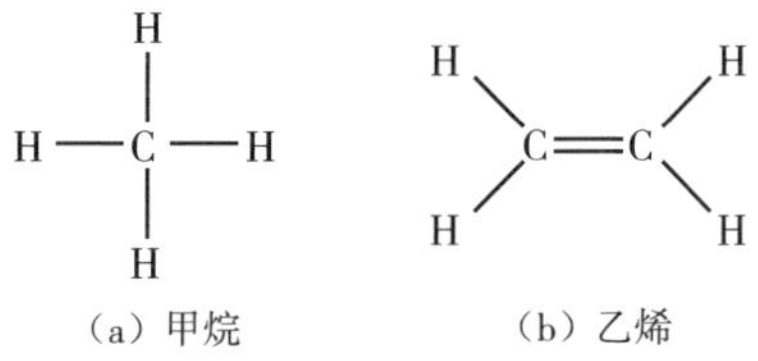

（a）甲烷　　　　　（b）乙烯

图 1-2　单键和双键

注：（a）单键用一条短线来表示，表明一对共享电子。（b）双键包含两对共享电子，并由两条平行线表示。

碳原子经常参与化学键的形成，因为它能与多达 4 种其他原子形成化学键。就像美国万能工匠牌（Tinkertoy®）儿童益智玩具的接口一样，碳原子有多个连接点，这使得含碳分子形成了多种形状（见图 1-3）。因为碳原子有 4 个未配对的电子，它与配对原子间可形成 4 个单键、2 个双键、1 个双键和 2 个单键等，这取决于它的配对原子所需的电子数量。

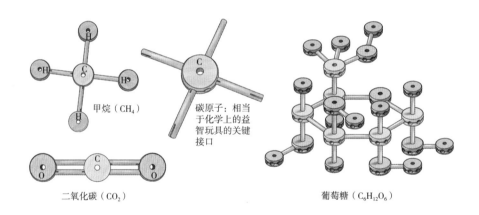

甲烷（CH_4）

碳原子：相当于化学上的益智玩具的关键接口

二氧化碳（CO_2）

葡萄糖（$C_6H_{12}O_6$）

图 1-3　有多个连接点的碳原子

注：碳原子一次能与配对原子一起形成 4 个共价键，因此含碳的化合物可以有不同的形状。

再访百慕大三角

在了解上述化学知识以后，让我们回到百慕大三角区域船只和飞机失踪的概率高的说法上来。事实上，没有证据表明该地区的船只和飞机失踪率高于其他地区，但这一事实并不会减轻一些潜在旅行者的担忧。

在早期的海洋探索中，人们猜测船只失踪的主要原因是该区域有海怪。后来，有关海怪的猜测被地心引力或者磁场干扰的观点所取代。随着人们对地心引力和磁场的理解越来越深入，人们对这些猜测逐渐失去了兴趣，因为无论是地心引力还是磁场都无法解释船只或飞机在该地区失事的原因。现在人们在解释所谓的百慕大三角环流现象时会提到甲烷，该观点认为，该地区海底的甲烷沉积物会产生巨大的气泡，这些气泡会从海底升起，致使船只沉没。如果这些气体上升到海洋上空，进入大气，一旦被闪电击中，就可能引起火灾，致使飞机坠毁。虽然目前没有科学证据支持这一假设，但它涉及科学原理，故具有一定的可信度。

Q4 吃零食会让孩子变得更兴奋吗?

有人认为，儿童过度兴奋是由摄入含糖饮料或零食引起的，但目前并没有太多的科学证据支持该观点。事实上，更多的科学证据支持这样一种观点：父母希望他们的孩子是因为摄入糖才变得过度兴奋。

同样，你是否听过某位叔叔说火鸡里的某种物质能让他在感恩节晚餐后躺在沙发上睡着？人们曾经认为，火鸡肉富含蛋白质，而蛋白质中的色氨酸会导致嗜睡。当科学家们证明色氨酸可以影响睡眠和情绪时，这个说法可能得到了一些支持。然而，看看其他富含蛋白质的食物中色氨酸水平的数据，你就会明白这是个误解！而备择假设——在感恩节上吃了大量食物会导致嗜睡——现在似乎得到了人们更多的支持。

以上的案例，其实是在说明生物大分子与人类行为间存在关联。存在于生物中的大分子包括碳水化合物、蛋白质、脂质和核酸。有些大分子是由人体合成的，有些则是从饮食中获得的。

接下来就让我们来了解一下碳水化合物、蛋白质、脂质与核酸。

碳水化合物

碳水化合物是细胞活动的主要能量来源，也是细胞结构的重要组成部分。最简单的碳水化合物是由碳、氢和氧以 CH_2O 的比例构成的。例如，葡萄糖用 $6（CH_2O）$ 或者 $C_6H_{12}O_6$ 表示。葡萄糖是一种单糖，是一个单一的环状结构。双糖由两个单糖通过糖苷键连接而成（见图 1-4）。蔗糖是一种由葡萄糖和果糖构成的双糖。许多植物都含有蔗糖，可经过提炼以生产食用蔗糖。果糖是在水果中发现的一种糖类。

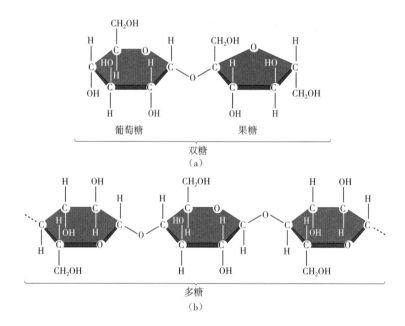

图 1-4　碳水化合物

注：（a）双糖由两个单糖构成。图中显示的是蔗糖的结构，一种由葡萄糖和果糖构成的双糖。（b）多糖是更长的单糖链，它们经常参与构建并维持生物的结构。

许多单体结合在一起会产生聚合物。糖单体的聚合物称为多糖（见图 1-4）。植物用其细胞壁里坚硬的多糖作为结构框架。同样，当昆虫和蜘蛛的多糖供应不足时，它们坚硬的外骨骼就会发出"嘎吱嘎吱"的声音。细菌的细胞壁帮助这些微小的生物在快速变化的环境中保持其结构的完整性，其细胞壁也富含多糖。

蛋白质

生物的许多生命活动都需要蛋白质。蛋白质是构成细胞的重要组成部分；它们是构成细胞膜不可缺少的部分；它们占大多数细胞干重[①]的一半。例如动物肌肉细胞等主要由蛋白质构成。被称为酶的蛋白质可以高效调节细胞内的与分子形成和分解相关的所有化学反应。酶的催化能力，即启动和调节化学反应的能力，参与生物体内的新陈代谢的能力。蛋白质也可以作为通道，物质通过它进入细胞。除此之外，蛋白质在细胞中还发挥着其他重要作用。

蛋白质是由多种氨基酸按不同比例构成的大分子。和碳水化合物相似，氨基酸由碳、氢和氧等元素构成；这些元素在氨基酸的一端形成羧基（-COOH），在另一端形成含氮氨基（$-NH_2$）。在氨基和羧基之间的碳原子上有许多侧基。所有氨基酸中的氨基和羧基都是相同的，因此是侧基赋予了氨基酸不同的化学特性（见图 1-5a）。

氨基酸可以以不同的排列方式连接在一起形成肽，由 11 个及以上氨基酸构成的化合物被称为多肽。图 1-5b 展示了 3 种氨基酸，缬氨酸、丙氨酸和苯丙氨酸，它们通过肽键连接在一起。精确折叠的多肽形成特定的蛋白质，就像孩子们可以用不同形状的珠子串成各种各样的结构一样（见图 1-5c）。每个氨基酸侧基都有独特的化学特性，包括极性或非极性。因为每种蛋白质都是由

———————————

① 指细胞除去全部自由水后的重量。

——编者注

特定的氨基酸序列构成的，所以每种蛋白质都有独特的形状，也因此具有特定的化学特性。

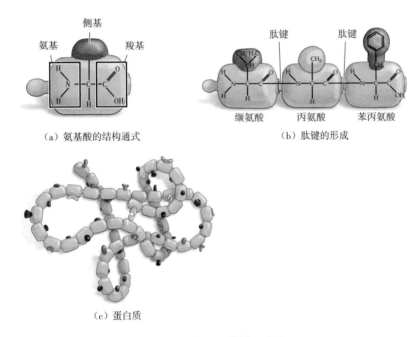

（a）氨基酸的结构通式　　　　　　（b）肽键的形成

（c）蛋白质

图 1-5　氨基酸、肽键和蛋白质

注：（a）所有的氨基酸的主链相同，侧基不同。（b）氨基酸是由肽键连接在一起的。由 11 个及以上氨基酸以肽键相连形成的化合物被称为多肽。（c）多肽链自行折叠形成蛋白质。

脂质

脂质有 3 种不同的类型，它们部分或全部都是疏水性有机分子，主要由碳氢化合物构成。这 3 种类型的脂质分别为脂肪、类固醇和磷脂。

脂肪。脂肪是由甘油骨架以及连接在羧基上的 3 条长的烃链——碳氢化合物链构成的（见图 1-6a）。碳氢化合物富含碳和氢，它们就像汽油中的碳氢化合物一样，可以通过"燃烧"产生能量。这些烃链被称为脂肪酸尾。脂肪是疏水性的，在生物体中起到储存能量的作用。

　　类固醇。类固醇由 4 个结合在一起的含碳环构成。胆固醇（见图 1-6b）是人们可能很熟悉的一种类固醇，它在动物细胞里（植物细胞通常不含胆固醇）的主要功能是帮助维持细胞膜的流动性。其他类固醇包括性激素睾酮、雌激素和孕酮，它们由性器官产生，影响遍及全身。

　　磷脂。磷脂与脂肪相似，也有与碳氢化合物相连的甘油骨架。然而，磷脂只有 2 个碳原子与脂肪酸尾相连，而脂肪是 3 个。磷脂的第 3 个碳原子连接 1 个磷酸酯头部基团。磷酸酯头部基团由 1 个磷原子与 4 个氧原子相连构成，具有亲水性。因此，磷脂具有 1 个亲水头和 2 条疏水尾（见图 1-6c）。磷脂通常有 1 个连接在磷酸酯上的附加头部基团，这也赋予了单个磷脂独特的化学性质。磷脂是细胞膜和细胞内膜重要的组成部分，细胞膜包裹着细胞内容物，而细胞内膜在细胞内形成隔室。

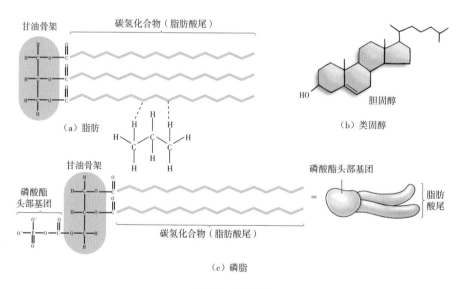

图 1-6　3 种脂质

注：（a）脂肪由甘油骨架和连在骨架上的 3 条富含碳氢原子的脂肪酸尾构成。（b）胆固醇是动物细胞膜中一种常见的类固醇。（c）磷脂由 1 个甘油骨架、2 条相连的脂肪酸尾和 1 个磷酸酯头部基团构成。右边的插画展示了人们通常描绘磷脂的方式。

核酸

核酸由被称为核苷酸的长串单体构成。核苷酸由核糖或脱氧核糖、磷酸酯和含氮碱基构成。生物中有两类核酸：核糖核酸（ribonucleic acid，RNA）和脱氧核糖核酸（deoxyribonucleic acid，DNA）。RNA 在帮助细胞合成蛋白质等方面起着关键作用，我们将在后面的章节中详细讨论。在生物中，作为遗传信息主要存储形式的是 DNA。在后面的章节中，我们将详细讨论 RNA 和 DNA。

Q5 只要一直进化，人类就会拥有 X 战警般的超能力吗？

40 亿年前，地球上生存着各个物种的共同祖先，如今，地球上有超过 1 000 万种生物。进化论帮助我们解释了这一发展变化过程，但是否意味着人类能够进化为拥有类似 X 战警[①]那般超能力的高级生物呢？或者说人类是否还可以继续进化，也许人类再多获得一个或两个基因，就能拥有与 X 战警类似的超能力？

为了验证这一观点，让我们来看看地球上最早出现的一些生物——微小的细菌（见图 1-7a）发生了怎样的变化，才能在地球上生存下来。细菌之所以被归为原核生物，是因为它们没有细胞核，即没有一个保存遗传物质的独立的细胞器。它们也不包含任何的膜囊状细胞器。然而，它们有帮助保持自身形状的细胞壁（见图 1-7b）和被称为核糖体的蛋白质合成结构。

后来出现了一种结构更为复杂的生物群体，被称为真核生物。真核细胞拥有贮存着遗传物质（见图 1-7c）的细胞核。此外，真核细胞包含被称为细胞

① 电影《X 战警》（X-Men）改编自漫威同名漫画，由 20 世纪福克斯电影公司自 1999 年起出品的超级英雄题材系列电影。

——译者注

器的包膜亚细胞结构，这一点将在后面的章节中更详细地介绍。我们暂时仅需了解细胞器在细胞内共同完成特定的工作，使细胞正常运作。真核生物包括单细胞的变形虫、酵母，以及多细胞的植物、真菌和动物。

原核细胞与真核细胞虽有差异，但也有许多相似之处。事实上，所有生物都由含有相似成分和具有一定结构特征的细胞组成，这极有可能是因为它们曾经拥有共同祖先。

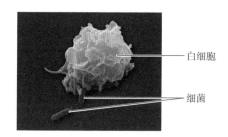

（a）大小不同：原核细胞（红色）与真核细胞（白色）

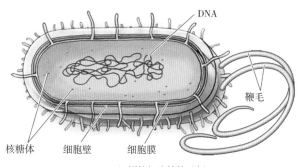

（b）原核细胞结构示例

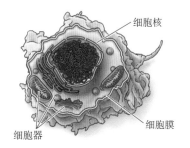

（c）真核细胞结构示例

图 1-7　原核细胞和真核细胞

注：（a）从图中所示的两个细菌细胞和一个白细胞的大小可见，原核细胞的体积一般远小于真核细胞的体积。（b）原核细胞结构相对简单。（c）真核细胞结构更为复杂。

生物群体之间的分化和差异是自然选择的结果。自然选择是种群特征随时间逐渐变化的过程，是生物从单一祖先开始而逐渐发展出多样性的一个主要过程。因为生物个体之间存在差异，并且其中的一些变异增加了生物生存和繁殖的机会，随着时间的推移，能够提高存活率和繁殖能力的遗传性状会在某一生物群体中变得更加普遍。相反，不那么成功的变异最终将从该生物种群里消失。

那么，对于"低等"生物来说，是否存在着想要进化为像人类这样的"高等"生物的选择压力？这不符合科学家们看待进化过程的方式，因为生物真正的成功或失败是由其对于环境的适应程度来衡量的。在许多方面，细菌比人类更成功。细菌的数量远远超过人类，而且与人类相比，细菌的生存环境更多样化。数十亿年间，它们也在地球上进化并向多样化发展，而人类和他们的祖先在地球上只存在了几百万年。

我们已经看到，进化过程并不是渐进的，换句话说，进化不是一系列朝着生物复杂性逐渐提升的方向发展的不连续的过程。因为该过程不是线性的，生命谱系示意图所展示的通常是横向的发展以及分支的发展，而不是垂直向上的阶梯式的发展。从这个意义上说，能够很好适应环境的细菌与能很好适应环境的人类一样是高度进化的。如果在世界末日到来时，人类被僵尸消灭，而细菌仍然存在的话，那就证明细菌比人类更能适应环境。

要点回顾
BIOLOGY : SCIENCE FOR LIFE >>>

- 生物由细胞构成, 包含一套常见的生物分子, 它们能够生长、代谢物质、繁殖, 并对外部刺激做出反应。此外, 生物能够维持体内平衡并进化。

- 水是一种强大的溶剂, 具备帮助调节血压、将溶解的营养物质输送到身体各个部位(包括大脑)并保持体温的功能。

- 生物化学系统是以碳元素为基础的。碳与其他元素相互作用, 产生了构成所有生物的更为复杂的分子。

- 碳水化合物是细胞活动的主要能量来源, 也是细胞结构的重要组成部分。

- 生物群体之间的分化和差异是自然选择的结果。自然选择是种群特征随时间逐渐变化的过程。

BIOLOGY
SCIENCE FOR LIFE

02

营养是如何被身体吸收的?

妙趣横生的生物学课堂

- · 自来水、瓶装水和运动饮料，喝什么更健康?
- · 服用营养补充剂一定能提高运动效果吗?
- · 营养补充剂有可能代替传统饮食吗?

银杏可以提高你的记忆力，卡瓦①可以减轻你的压力，人参可以让你更有能量，褪黑素可以帮助你入睡。这些听起来像一个忙于学业的学生获得成功的秘诀。除上述补充剂外，椰子水也是一种非常好的补充剂，它可以延缓衰老和预防癌症。

你可能听说过维生素、矿物质、草药、酵母甚至酶等营养补充剂对健康的益处。美国人每年花费在补充剂上的钱大约有 60 亿美元，并且超过 2/3 的人正在服用至少一种补充剂。如果这些补充剂真的对你有好处，为什么不把你的一些食物换成这些补充剂呢？它们可比大多数食物保质期更长。把食物换成补充剂，你就不必每周末去杂货店买东西，你可以在食品柜里放一些能量饮料、富含维生素的饮品、蛋白粉、营养棒、维生素和矿物质补充剂。这些补充剂可以批量购买，它们不会像水果和蔬菜那样容易腐烂。但它们真的和食物一样有益健康吗？人们有没有可能通过服用补充剂在学业上取得更好的成绩或者使身体更健康？本章内容会告诉你，健康饮食为什么比服用大剂量昂贵的药片、粉末和粉剂更有意义。

---

① 卡瓦是一种胡椒科植物，主要生长于南太平洋岛屿，具有镇静、催眠、安定情绪等作用。

——译者注

Q1 自来水、瓶装水和运动饮料，喝什么更健康?

人体必需的营养素包括水、碳水化合物、蛋白质、脂肪、维生素和矿物质①。其中最重要的水，被我们称为"生命之源"。大多数动物能在没有固体食物的情况下生存数周，然而，如果没有水的话，就只能生存几天。人体不仅需要水，还需要有助于身体健康的水。什么样的水是有助于身体健康的? 要想回答这个问题，我们先要了解水是如何净化身体的。

水和健康。水除了能将营养素运送至身体各个部位，还能溶解和清除消化过程中产生的废物。

如果水的含量低于身体所需水平，即脱水，就会导致肌肉痉挛、疲劳、头痛、头晕、恶心、意识错乱和心率加快。严重脱水会导致人产生幻觉、中暑，甚至死亡。

出汗时水分会从皮肤上蒸发，这有助于保持体温稳定。当人体内水分较少并且出汗减少时，体温会上升到对人体有害的水平。

每天，人类通过汗液、尿液和粪便损失约 3 升水。普通成年人每天可以从食物中摄取大约 1.5 升水，剩下的 1.5 升水则需要额外补充。

尽管人们可以选择饮用自来水来补充身体所需的水分，但是许多人仍会选择饮用瓶装水，其中部分原因是他们担心自来水的质量不如瓶装水。然而，负责制定瓶装水标准并确保食品安全的美国食品和药物管理局使用的标准，与负责确保人们饮用的自来水干净的美国环境保护局所采用的标准相同。换句话

---

① 由于膳食纤维的本质是多糖，故此处将其归类为碳水化合物。

——编者注

说，两种来源的水应该同样干净。事实上，近 40% 的瓶装水实际上含有市政自来水。

许多人也会选择运动饮料来补充水分。但研究表明，对运动员来说，喝水要比喝昂贵的运动饮料的补水效果更好。因为运动饮料提供了不必要的热量，里面还含有未经证实是否有益处的添加剂。

人们选择瓶装水和运动饮料也是为了携带方便，但这是以破坏环境为代价的。每年人们使用的数十亿个水瓶在生产过程中需要耗费 150 万桶石油。尽管这些水瓶是可回收的，但每年仍有 86% 的水瓶会被扔进垃圾填埋场。此外，运输瓶装水所需的能量远远超过了净化等量的自来水所需的能量。

除了每天摄入有利于健康的适量的水，人们还必须摄入含有碳水化合物、蛋白质和脂肪的食物。在第 1 章中，我们探讨了这些大分子的结构，现在我们来了解一下它们在人体内如何发挥作用。

作为营养素的碳水化合物。面包、谷物、米饭、意大利面以及水果和蔬菜等食物都富含被称为碳水化合物的常量营养素。碳水化合物是细胞的主要能量来源，包括单糖和长链多糖。

单糖在进入人体后会被消化并迅速进入血液。牛奶、果汁、蜂蜜和大多数精制食品中的糖都是单糖。由许多单糖构成并以分支链排列的糖被称为复合碳水化合物。复合碳水化合物存在于水果、蔬菜、面包、豆类和意大利面中。

人体消化复合碳水化合物的速度比消化单糖更慢，因为复合碳水化合物比单糖有更多的化学键，消化过程中人体必须打破这些化学键。因此耐力运动员在比赛前几天会摄入复合碳水化合物，以增加比赛期间可用的能量储备。理想情况下，这些碳水化合物应来自食物，而不是来自膳食补充剂（见图 2-1）。

营养学家一致认为，健康饮食中的大多数碳水化合物都应以复合碳水化合物的形式存在，他们还认为人体最好只摄入极少量的加工糖。加工食品是指经过较大程度提炼而营养价值被剥夺的食品。例如，未经加工的红糖是由甘蔗汁制成的，这种红糖包含植物里的矿物质和营养物质。将这种红糖加工成我们在杂货店里买到的那种精制糖，会导致维生素和矿物质的流失。

（a）葡萄味的膳食补充剂　（b）葡萄

图 2-1　加工食品和天然食品中的碳水化合物

注：膳食补充剂，如含糖运动饮料富含能被人体快速消化的高果糖玉米糖浆。天然食品中含有单糖、复合碳水化合物和其他营养素。

没有经过加工而保留了其营养的食物被称为天然食品。全谷物、豆类以及许多水果和蔬菜都是天然食品。除了营养丰富，天然食品也是膳食纤维的优质来源。

膳食纤维是健康饮食的重要组成部分。富含膳食纤维的谷物、豆类以及根茎类蔬菜也被称为粗粮，主要由人类无法消化的复杂碳水化合物组成。因此，膳食纤维进入大肠后，其中一些会被细菌消化，其余的则形成粪便。膳食纤维是健康饮食的重要组成部分，有助于人们保持健康的胆固醇水平，并可能降低人们患某些癌症的风险。

杂货店和便利店的货架上随处可见纤维棒。尽管纤维棒富含膳食纤维，但它们通常也富含加工过的糖和无营养的添加剂。基于此，我们最好从天然食品中摄取膳食纤维。

作为营养素的蛋白质。 富含蛋白质的食物包括牛肉、家禽、鱼、豆类、鸡蛋、坚果，以及牛奶、酸奶和奶酪等奶制品。

人体能合成许多构成蛋白质的常见氨基酸。人体不能合成的氨基酸被称为必需氨基酸，必须由食物来提供。完全蛋白质包含身体所需的所有必需氨基酸。与从植物中获得的蛋白质相比，从肉类中获得的蛋白质更有可能是完全蛋白质。

单独的植物蛋白常常会缺少一种或多种必需氨基酸。这可能就是世界各地的人们普遍用不同植物性食物搭配作为日常饮食的原因，例如人们将大米和豆类搭配在一起。素食者的饮食以植物性食物为基础，如果他们在饮食中选择多种植物性食物，就可以很容易地获得所有必需氨基酸。

想要增肌的人有时会在饮食中加入蛋白粉，蛋白粉可以与牛奶或水混合，帮助人们在剧烈运动后塑造富含蛋白质的肌肉。然而，额外摄入的蛋白质并不总能帮助人们重塑更多的肌肉。像碳水化合物一样，额外的蛋白质会以脂肪的形式储存起来，所以如果你摄入太多蛋白质，你身体里的脂肪就会增加。此外，如果饮食中蛋白质含量过高，可能导致骨质流失和肾脏损伤等健康问题。如果你想增加肌肉，最明智的方法是将锻炼和健康饮食结合起来。即使是耐力运动员这样蛋白质需求量非常大的人，也可以通过健康的饮食获得足够的蛋白质。

作为营养素的脂肪。脂肪是储存能量的"仓库"。事实上，每克脂肪所含的能量大约是等量碳水化合物或蛋白质所含能量的两倍。富含脂肪的食物包括肉、牛奶、奶酪、植物油和坚果。包括人类在内的大多数哺乳动物都在皮下储存脂肪，以起到缓冲和保护身体重要器官的作用，还有助于身体抵御寒冷天气的影响，也可以储存能量以应对饥荒。

回想一下，脂肪有长长的富含碳氢元素的脂肪酸尾。人体能合成所需的大部分脂肪酸，而人体不能合成的脂肪酸被称为必需脂肪酸。和必需氨基酸一样，必需脂肪酸也必须从饮食中获得。ω–3 和 ω–6 脂肪酸是必需脂肪酸，可以通过食用鱼类摄入。人们认为这些脂肪酸有助于预防心脏病。营养学家建议人们每周吃大约 340 克的鱼。有些人不怎么吃鱼，他们通过食用鱼油胶囊来补充饮食中所缺少的脂肪酸。然而，鱼肉中还含有鱼油补充剂中没有的其他维生素和矿物质。

脂肪分子的脂肪酸尾有不同数量和位置的双键。当脂肪酸尾的碳原子与尽可能多的氢原子结合，不存在碳碳双键时，这种脂肪被称为饱和脂肪，即脂肪中氢原子是饱和的。当存在碳碳双键时，脂肪中的氢原子并不饱和，这被称为不饱和脂肪。含有的双键越多，脂肪的不饱和程度越高。当含有两个或两个以上双键时，这种脂肪被称为多不饱和脂肪。不饱和脂肪中的双键导致其脂肪酸尾结构扭结，这种形式阻止了相邻脂肪分子紧密聚集在一起，所以不饱和脂肪在室温下往往呈液态。食用油是一种不饱和脂肪。不饱和脂肪更有可能来自植物，而动物（除鱼类以外）体内的脂肪通常是饱和的。饱和脂肪由于没有碳碳双键，所以会紧密地聚集在一起形成坚固的结构。这就是黄油这类饱和脂肪在室温下呈固态的原因。

食品制造商有时会利用压力让氢气和植物油相结合，从而在不饱和脂肪中添加氢原子。该过程被称为氢化作用，它会提升脂肪的饱和度。该过程使液体油凝固，从而使食物看起来不那么油腻，同时延长食物的保质期。人造黄油是植物油经过氢化作用形成的。

反式脂肪是由不完全氢化作用产生的，该过程也改变了脂肪中脂肪酸尾的结构，因此即使存在碳碳双键，脂肪酸尾也是扁平的，不会扭结。与大多数脂肪相比，反式脂肪不是必需的也没有益处。研究表明，反式脂肪是不健康的。如果你选择吃能量棒、蛋白棒、纤维棒和其他营养棒，最好选择那些不含反式脂肪的产品。

食用富含反式脂肪的食物会增加患动脉闭塞、心脏病和糖尿病的风险。因为每克脂肪比每克碳水化合物或蛋白质含有更多能量。而且因为过量的脂肪摄入与多种疾病相关，营养学家建议人们要限制饮食中所有种类脂肪的摄入量。

微量营养素

人体必需的极少量营养素，例如维生素和矿物质，被称为微量营养素。它们既不能被身体分解，也不能"燃烧"而产生能量。

维生素。维生素是有机物质，其中大部分是人体不能合成的。大多数维生素的功能是作为辅酶，即能帮助酶起作用的分子，因此维生素能够加速人体的化学反应。缺乏维生素会影响到身体的每个细胞，因为许多酶都需要维生素的参与才能发挥出生理功能。维生素甚至可以在一定程度上保护身体免受癌症和心脏病的侵袭，还可以帮助人们延缓衰老。

维生素 D，又叫骨化三醇，是细胞唯一能够合成的维生素。由于合成维生素 D 需要阳光，生活在缺少阳光的地区的人可能会缺乏这种维生素。在这些地区，卫生保健机构可能建议人们补充维生素 D。

其他维生素必须由食物提供（见表 2–1）。许多维生素，如维生素 B 和维生素 C，都是水溶性的，所以水煮的烹饪方式会使维生素溶解在水中，这也是新鲜蔬菜比冷冻或罐装蔬菜富含维生素的原因。水溶性维生素不能储存在体内，因此饮食中缺乏水溶性维生素比缺乏脂溶性维生素更有可能导致营养不良。维生素 A、D、E 和 K 是脂溶性的，并在脂肪中积累，但这些维生素在体内积聚过多可能导致中毒。

最近，服用多种维生素补充剂的做法受到人们的质疑，特别是涉及服用大剂量的脂溶性维生素时。最近的研究表明，这种做法弊大于利，潜在地增加了人们患某些癌症、心脏病的风险，甚至可能导致死亡。

矿物质。矿物质是一种不含碳元素的物质，但对许多细胞功能来说至关重要。矿物质因为缺少碳元素，所以被称为无机物。它们对于适当的体液平衡、肌肉收缩和神经冲动传导，以及骨骼和牙齿的形成都很重要。钙、氯、镁、磷、钾、钠和硫等元素都是矿物质。像一些维生素一样，矿物质也是水溶性的。与大多数维生素一样，矿物质也不能在体内合成，必须通过饮食来补充（见表 2–2）。

表 2-1　人们通常补充的维生素和包含这些维生素的天然食品

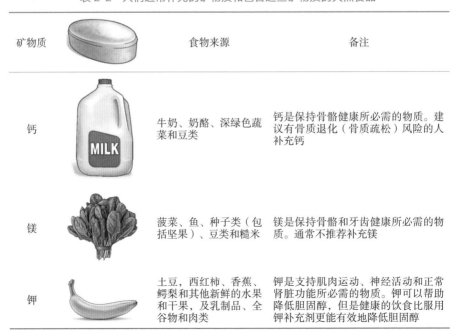

维生素		食物来源	备注
维生素 B_{12}		鸡肉、鱼肉、红肉和奶制品	因为维生素 B_{12} 存在于肉类和奶制品中，所以建议严格的素食者补充这种维生素
维生素 C		大多数水果、蔬菜和肉类	一些人在寒冷的季节补充维生素 C，但是这种做法的科学性并没有获得足够的证据支持
维生素 D		牛奶、蛋黄和大豆	因为阳光是合成维生素 D 的必要条件，可以建议生活在缺少阳光的地区的人们补充维生素 D
维生素 E		杏仁、坚果、芒果、西兰花和多种食用油	补充大剂量的维生素 E 可能会增加患前列腺癌或中风的风险
叶酸		深绿色蔬菜，坚果，豆类（如干豆、豌豆、小扁豆）和全谷物	由于孕期缺乏叶酸会导致胎儿脊髓发育受损，所以医生经常建议怀孕或备孕的女性补充叶酸

表 2-2　人们通常补充的矿物质和包含这些矿物质的天然食品

矿物质		食物来源	备注
钙		牛奶、奶酪、深绿色蔬菜和豆类	钙是保持骨骼健康所必需的物质。建议有骨质退化（骨质疏松）风险的人补充钙
镁		菠菜、鱼、种子类（包括坚果）、豆类和糙米	镁是保持骨骼和牙齿健康所必需的物质。通常不推荐补充镁
钾		土豆，西红柿、香蕉、鳄梨和其他新鲜的水果和干果，及乳制品、全谷物和肉类	钾是支持肌肉运动、神经活动和正常肾脏功能所必需的物质。钾可以帮助降低胆固醇，但是健康的饮食比服用钾补充剂更能有效地降低胆固醇

　　钙是一种人们常用的矿物质补充剂。身体需要钙来帮助凝固血液、收缩肌肉、激发神经递质释放、促进骨骼生长并保持健康。当饮食中的钙含量较低，不良生活习惯或药物使钙从骨骼中流失时，骨骼强度就会下降。如果你在饮食中没有摄入足够的钙（大约每天 1 000 毫克），许多卫生保健机构就会建议你服用钙补充剂。可以选择约 227 毫升的酸奶、约 43 克的奶酪和一杯牛奶，总共含有大约 1 000 毫克的钙。

抗氧化剂

　　除维生素和矿物质外，许多天然食品中还包含一类被称为抗氧化剂的分子，这类分子可以防止由正常细胞生理过程所产生的高活性分子对细胞造成的损伤。这些高活性分子被称为自由基，它们有一个不完整的电子壳层，这使得它们比拥有完整电子壳层的分子更容易发生化学反应。自由基能够破坏细胞膜、动脉内膜和 DNA。抗氧化剂可以抑制与自由基相关的化学反应，并减少它们对细胞造成的损害。抗氧化剂在水果、蔬菜、坚果、谷物和一些肉类中都很丰富。

　　抗氧化剂能帮助人们预防心脏病、癌症或延缓衰老，这些发现最初让人们充满期待，但现在我们知道，能够带来益处的似乎只限于天然食品中的抗氧化剂（见表 2-3）。这可能是因为为了达到最佳的健康状态，身体中的抗氧化剂和自由基需要达到平衡。当平衡发生改变时，例如，当一个人服用了大剂量的抗氧化剂补充剂，身体中就没有足够的自由基来完成人们依赖它们去执行的一些有益功能，包括杀死新的癌细胞、细菌或其他入侵者。

表 2-3　人们通常补充的抗氧化剂和包含这些抗氧化剂的天然食品

抗氧化剂		食物来源	备注
β - 胡萝卜素		橙色水果和蔬菜，包括胡萝卜、哈密瓜、笋瓜、芒果、南瓜、杏，以及宽叶羽衣甘蓝、羽衣甘蓝和菠菜	根据美国国家补充和替代医学中心的研究，补充大剂量 β - 胡萝卜素可能增加吸烟者患肺癌的风险
黄烷醇		可可和黑巧克力	没有研究表明服用该补充剂对健康有任何益处
番茄红素		红色的水果和蔬菜，包括西红柿和西瓜	迄今为止，没有研究发现补充番茄红素能带来任何明确的健康益处

Q2　服用营养补充剂一定能提高运动效果吗?

　　运动员在锻炼时喝蛋白质补充剂很常见，一项针对英国自行车运动员的研究发现，蛋白质补充剂确实能帮助运动员提高成绩并缩短体能恢复的时间。

　　但即便是运动员，在摄入补充剂时仍需要谨慎。一些运动员会使用肌酸来增加肌肉量或者获得更大的爆发力。肌酸被用于核糖体上蛋白质的合成和线粒体中 ATP 的合成。虽然肌酸通常存在于体内，但是关于补充肌酸的效果目前人们还没有进行深入的研究。由于肌酸补充剂可能会导致肾衰竭等副作用，所以最安全的方法是所补充的肌酸量不要超过你通常从饮食中获得的量。

　　市场上有很多关于补充剂的宣传，比如服用叶绿素补充剂能够使人精力充沛、帮助解毒以及促进伤口愈合，但是目前还没有证据表明这些说法是正确的。事实上，因为人类细胞中没有叶绿素，人类服用叶绿素并不能从中获益。

那么，营养补充剂到底有没有必要服用呢？让我们具体了解下补充剂的提取机制和工作原理。

许多营养补充剂是由提取物构成的，这些提取物是通过粉碎和打破动植物细胞获得的。其中一些营养补充剂是用来影响人类细胞中特定的亚细胞结构的。因为动物细胞和植物细胞都是从共同祖先进化而来的，所以它们具有许多相同的细胞结构和细胞器。细胞器之于细胞就像器官之于身体。每一种细胞器都负责执行细胞所需的特定"工作"，并与其他细胞器协同"工作"以维持细胞的正常运作。细胞内还有胞质溶胶，这是一种含有盐和细胞反应所需的许多酶的液状基质。胞质溶胶包裹着细胞器。细胞质包括胞质溶胶和细胞器。

我们将从外到内依次观察动物细胞和植物细胞（见图 2-2），检视两种细胞内部成分的结构和功能。

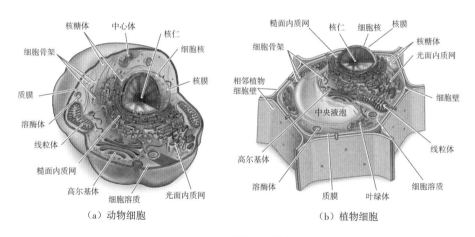

图 2-2　植物细胞和动物细胞

注：这些普通的动物细胞和植物细胞的图显示了细胞器和其他结构的位置及相对大小。

质膜

所有的细胞都被称为质膜（见图 2-3a）的结构包围。质膜决定了每个细胞的外边界，将细胞内的物质与外界环境分隔开来。质膜的作用还相当于一个屏障，并允许一些气体和营养素进出细胞。包裹细胞内部结构的膜通常被称为细胞内膜，外边界是质膜。

质膜是半透性的，这意味着它们允许一些物质穿过，同时又阻止其他物质穿过。这一特性使细胞的内部成分区别于周围溶液。

内膜与外膜主要由磷脂（见图2-3b）构成。这类脂质的化学特性使膜具有弹性和自密封性。当磷脂分子被放置在水溶液中，例如在细胞里，它们会调整自己的方向，使亲水的头

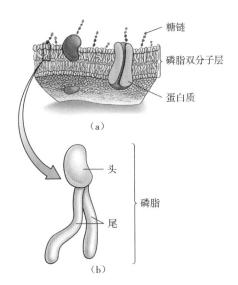

图 2-3　质膜结构

注：（a）所有细胞都被质膜包围。每个形成双分子层的磷脂（b）都由一个亲水头和两个疏水尾构成。

部接触水，而疏水的尾部远离水。它们聚集成一种被称为磷脂双分子层的形式。在这个磷脂双分子层中，磷脂的尾部相互靠近并将水排斥在外，而磷脂的头部最大限度地暴露在膜内外周围的水中。磷脂双分子层中充满了蛋白质，这些蛋白质执行酶的功能，充当外部物质的受体，并帮助细胞进行物质的内外运输。

所有的脂质和质膜里的大部分蛋白质都可以自由地上下来回摆动并横向滑动。这种流动性使得膜上任何位置的成分都会发生变化。

亚细胞结构

质膜内部的细胞器是细胞维持其结构和执行其指定功能的结构。

细胞壁。植物、真菌和细菌等一些生物的细胞在质膜外有细胞壁（见

图 2-4），这有助于保护细胞并帮助细胞保持其形状。细胞壁富含纤维素，它们组成坚固的纤维，支撑细胞的结构。

细胞核。所有的真核细胞都包含一个细胞核（见图 2-5），即一个被两层膜包围的球形结构，这两层膜合起来被称为核膜。核膜上布满了核孔，它们调节物质进出细胞核。染色质在细胞核内，由 DNA 和蛋白质构成。细胞核里的核仁是核糖体合成的地方。

纤维素原纤维
（a）

植物
（b）

（a）

（b）

核孔

核膜

核仁

DNA

图 2-4 细胞壁的重要成分与塑形作用

注：植物、真菌和细菌的质膜外都有细胞壁。

图 2-5 细胞核

注：细胞核储存着细胞的遗传物质 DNA。

线粒体。植物细胞和动物细胞都含有线粒体（见图 2-6），线粒体是一种被双层膜包围的能产生能量的细胞器。线粒体的内外膜被膜间隙分隔开。高度卷曲的内膜携带着许多

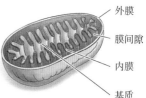

外膜

膜间隙

内膜

基质

图 2-6 线粒体

注：植物细胞和动物细胞中都含有线粒体。

蛋白质，这些蛋白质参与生产三磷酸腺苷，即 ATP，是细胞进行化学反应主要的能量来源。线粒体的基质是许多细胞进行呼吸作用的场所。

叶绿体。叶绿体（见图 2-7）是存在于植物和其他进行光合作用的真核生物中的一种重要细胞器，它利用太阳能将 CO_2 和水转化为糖。每个叶绿体都有外膜、内膜、被称为基质的液体内部成分和被称为类囊体的膜囊网。叶绿体

也包含色素分子——叶绿素。就像你衣服上的色素一样，叶绿素会反射某些波长的光——绿光，并且吸收其他波长的光。

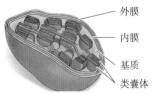

图 2-7　叶绿体

注：进行光合作用的真核生物细胞中都有叶绿体。

溶酶体。溶酶体（见图 2-8）是一种由单层膜包被酸性水解酶构成的囊状结构，其中水解酶可分解蛋白质、碳水化合物和脂肪。溶酶体可以将这些低 pH 值的酶与细胞的其他部分隔离开。溶酶体在细胞中漫游，吞噬目标分子和细胞器受损后的残余物。

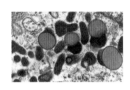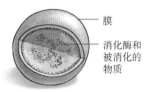

图 2-8　溶酶体

注：溶酶体是具有消化功能的细胞器。

核糖体。核糖体（见图 2-9）好比将蛋白质组装在一起的工作台。核糖体由两个亚单位构成，可以漂浮在细胞质中或附着在内质网上。

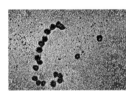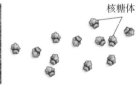

图 2-9　核糖体

注：核糖体是合成蛋白质的地方，由两个亚单位构成。

内质网。内质网（见图 2-10）是从核膜向外延伸至细胞质的大型膜状网。有核糖体附着的内质网被称为糙面内质网。在

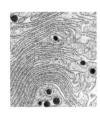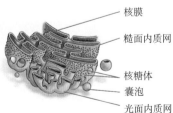

图 2-10　内质网

注：内质网由膜囊和小管构成。

糙面内质网上合成的蛋白质将由细胞分泌或者成为质膜的一部分。没有核糖体附着的内质网被称为光面内质网。光面内质网的功能取决于细胞的类型，但均包括解除有害物质的毒性和合成脂质等。囊泡是从内质网上分离出的膜片，其功能是将物质运输到高尔基体或质膜。

高尔基体。高尔基体（见图 2-11）是一组扁平膜囊。内质网的囊泡与高尔基体融合并将它们携带的蛋白质排出。然后，这些蛋白质被修饰、分类，并通过高尔基体囊分离出的新的运输囊泡被送到正确的地方。

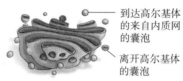

到达高尔基体的来自内质网的囊泡

离开高尔基体的囊泡

图 2-11　高尔基体

注：高尔基体由膜囊构成。

中心粒。中心粒（见图 2-12）是由微管构成的圆柱环，在动物细胞分裂时起锚定结构和帮助移动染色体的作用。中心粒也参与形成了与运动有关的结构，如纤毛和鞭毛。植物细胞没有中心粒。

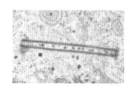

图 2-12　中心粒

注：中心粒帮助动物细胞进行细胞分裂。

细胞骨架成分。细胞骨架成分（见图 2-13）是构成细胞骨架结构的蛋白质纤维，细胞骨架为细胞提供了形状和结构支持。像细胞核或线粒体这样的亚细胞结构被这些骨架成分固定，而像溶酶体这样的一些结构借助细胞骨架像在铁轨上移动一样，在细胞内从一个位置转移到另一个位置。

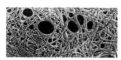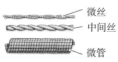

微丝
中间丝
微管

图 2-13　细胞骨架成分

注：由 3 种不同类型的管状支撑构成的骨架，为细胞提供了形状和结构支持。

中央液泡。 植物细胞有一个巨大的充满液体的中央液泡（见图 2-14），其中包含各种溶解的分子，包括糖类和给花与叶子着色的色素。液泡还起着维持单个细胞内压力的作用，这一作用有助于支撑直立的植物。

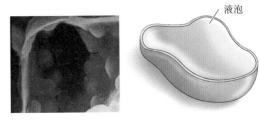

图 2-14　中央液泡

注：这个膜状的细胞器负责储存水和离子

Q3　营养补充剂有可能代替传统饮食吗？

人们服用营养补充剂自然是为了更加健康，但问题是你怎么知道某种补充剂对你的健康有益呢？

在处方药或非处方药上市之前，美国食品和药物管理局会对这些药品进行科学测试，以证明它们的安全性和有效性。然而，尽管人们把膳食补充剂当作药物来服用，却并未对它们开展过科学试验。此外，这类产品的瓶子上和包装上的声明不一定得到了证实。这就是为什么你会在补充剂包装上发现如下带星号的脚注："这些声明没有经过美国食品和药物管理局的评估。本产品不适用于诊断、治疗、治愈或者预防任何疾病。"

对于任何声称对人有益的产品，你应该在决定服用它之前谨慎评估其功效。利用你对科学研究过程的了解和你对良好的研究重要性的认识，对其进行评估。如果没有时间或想法亲自做研究，你应该咨询医生或查阅值得信赖的网站。美国食品和药物管理局也在其网站上记录了因造成不良影响而正在接受审查的膳食补充剂。

除了排除补充剂是否有不良反应，人们还应该警惕补充剂广告上那些夸大的效果，因为并不是所有的营养补充剂都能被我们的细胞吸收，让我们来具体了解下。

　　无论是通过食物摄入还是通过药片补充，一旦所需的物质到达细胞外部，它们必须穿过包围细胞的质膜。分子必须穿过质膜进入细胞内部，在那里它们可以被用来合成细胞成分或者被代谢从而为细胞提供能量。膜的化学性质促进了一些物质的运输，同时阻止了其他物质的运输。

　　正如我们之前所了解的，包围细胞的质膜是由磷脂双分子层构成的。双分子层的内部是疏水的。疏水性物质可以溶解在膜中，并且比亲水性物质更容易跨膜。从这个意义上来说，细胞膜对分子的运输具有选择性，即允许一些分子穿过并阻挡另一些分子穿过。

　　二氧化碳分子、水分子和氧气分子可以自由地穿过膜，它们往往持续跨膜，直到膜两侧的浓度相等。大分子、带电分子和离子都不能自行穿过脂质双分子层（见图 2-15）。如果这些物质需要穿过膜，它们必须穿过嵌在膜中的蛋白质。膜中的蛋白质可以作为通道，让分子通过。蛋白质还可以起到泵的作用，将特定的离子或分子从低浓度侧转运至高浓度侧。

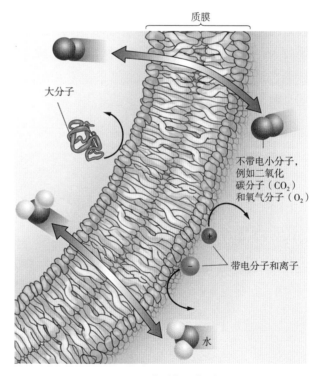

图 2-15　物质的跨膜运输

注：某种物质的跨膜能力，在某种程度上是由其大小和是否带电荷等因素决定的。

被动运输：扩散、协助扩散和渗透作用

就像打台球时台球因为相互碰撞而四处散开，事实上，在被动运输的过程中，分子之间会相互碰撞，直到它们分散到所有可到达的区域。换句话说，分子会从高浓度区域转移到低浓度区域。分子从高浓度区域转移到低浓度区域的运动叫作扩散。在扩散的过程中，分子的净运动方向是从高浓度区域移动到低浓度区域，即顺浓度梯度移动。这种运动不需要外界能量的输入，它是自发的。扩散将持续进行，直到一定区域内的分子浓度达到平衡状态，此时不存在浓度梯度，也不存在分子的净运动。

扩散也发生在生物体中。当物质沿着浓度梯度穿过质膜扩散时，我们将这种运动称为被动运输。恰如其名，这种运输方式不需要能量的输入。构成质膜的磷脂双分子层阻止了许多物质穿过它进行扩散。只有非常小的疏水性分子才能通过扩散的方式穿过膜，这些分子在膜里溶解，从膜的一侧扩散到另一侧（见图 2-16）。

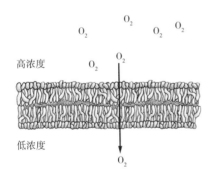

图 2-16　简单扩散

注：分子穿过质膜进行简单扩散是在有浓度梯度的情况下发生的，并不需要能量。小的疏水性分子，如氧气分子可以通过膜扩散。

亲水性分子、带电分子或离子，不能简单地扩散并穿过膜的疏水性核心。它们是通过嵌在脂质双分子层中的蛋白质而跨膜运输的。这种被动运输不需要能量的输入，因为物质顺浓度梯度移动。因为特定的膜转运蛋白使物质更容易通过质膜扩散，换句话说，蛋白质促进了这种运动，所以这种跨膜运输被称为

协助扩散（见图 2-17）。

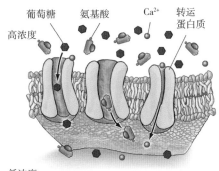

图 2-17 协助扩散

注：协助扩散是由底物特异性蛋白协助的分子扩散。分子顺浓度梯度移动，不消耗能量。

水的跨膜运动是一种被动运输，被称为渗透作用。

像其他物质一样，水也是从自身分子密集的区域转移到相对较少的区域。水可以通过细胞膜上被称为水通道蛋白的特殊蛋白质孔，但是即使没有水通道蛋白，水也能穿过细胞膜。当动物细胞被放入盐溶液中时，水会离开细胞，导致细胞皱缩（见图 2-18a）。当动物细胞被放入溶质数量相对较少的溶液中时，水会进入细胞，细胞就会膨胀，甚至破裂。同样，过度施肥或暴露于融雪剂下的植物会枯萎，因为水会离开细胞，使质膜两侧的水浓度达到平衡（见图 2-18b）。

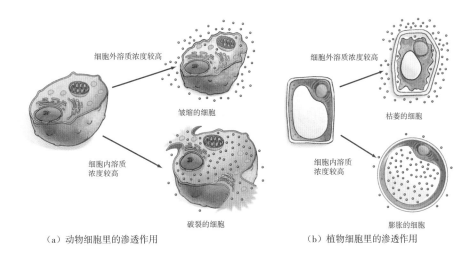

（a）动物细胞里的渗透作用

（b）植物细胞里的渗透作用

图 2-18 渗透作用

注：渗透作用是一种特殊类型的扩散，涉及水适应浓度梯度的运动。水会向有更多溶质的区域运动。（a）当水离开动物细胞时，细胞就会皱缩。（b）当水离开植物细胞时，由于有细胞壁的支撑，植物细胞会枯萎而不是皱缩。

主动运输：跨膜运输物质

在某些情况下，细胞需要保持浓度梯度。例如，神经细胞需要细胞内高浓度的特定离子来传递神经冲动。为了保持这种跨膜的浓度差异，需要输入能量。这就好比一座有陡坡或者倾斜的小山。骑自行车下山不消耗能量，但是骑自行车上山则消耗能量。在细胞层面，这种能量以 ATP 的形式存在。主动运输是由 ATP 驱动蛋白质将物质逆浓度梯度运输（见图 2-19）。

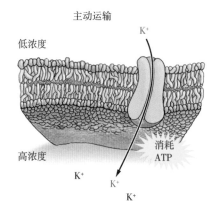

图 2-19　主动运输

注：主动运输使物质逆浓度梯度移动，并需要 ATP 提供能量来完成这一过程。

胞吐作用和胞吞作用：大分子的跨膜运动

通常情况下，无论大分子是疏水性还是亲水性的，都会因为分子本身太大而无法跨膜扩散，也无法通过蛋白质运输。它们必须在膜包裹的囊泡内移动，囊泡与膜融合后释放其携带的物质。当携带某一物质的膜包裹的囊泡与质膜融合并将其携带的物质释放到细胞外部时，就发生了胞吐作用（见图 2-20a）。当囊泡向内挤压质膜，把物质带进细胞内时，就发生了胞吞作用（见图 2-20b）。

并不是所有的营养补充剂都能穿过细胞膜。补充剂可能太大或者没有特定的转运载体。即使是那些能跨膜的补充剂也可能没有发挥出广告所宣传的作用。那么，你怎么知道某种补充剂对你的健康有益呢?

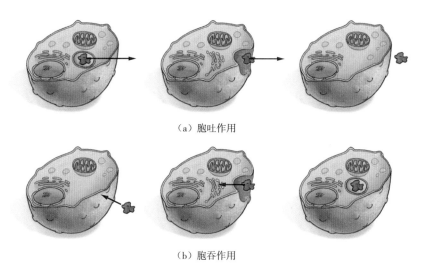

（a）胞吐作用

（b）胞吞作用

图 2-20 大分子物质的移动

注：（a）胞吐作用是将物质移出细胞的运动。（b）胞吞作用是将物质移入细胞的运动。

要点回顾

- 人体的正常生长和发育需要大量营养素, 包括碳水化合物、蛋白质、脂肪、维生素和矿物质。所有这些分子都可以被人体分解使用。

- 为了进入细胞,营养素需要穿过质膜,质膜的功能像一个半透性的屏障,允许一些物质通过的同时阻止另一些物质通过。

- 并不是所有的营养补充剂都能穿过质膜。补充剂可能太大或者没有特定的转运载体。即使是那些能跨膜的补充剂也可能没有发挥出广告所宣传的作用。

BIOLOGY
SCIENCE FOR LIFE

03
健康的标准是什么?

妙趣横生的生物学课堂

· 为什么吃的同样多，有的人却更容易变胖?

· 为什么呼吸一刻也不能停?

· 为什么节食后体重反而容易反弹?

美国颇受欢迎的电视节目《超级减肥王》记录了那些为快速减肥而过度节食和锻炼的肥胖美国人的奋斗历程。其中一位名叫肖恩·阿尔盖尔（Sean Algaier）的参赛者在比赛开始时体重约为 201 千克。在比赛过程中，他减掉了约 70 千克的体重，这确实令人印象深刻。该节目其他参赛选手的减肥效果也非常惊人。但是参赛者能保持减肥成功后的体重吗？

美国国家卫生研究院的科学家们开展了一项研究，跟踪调查了 14 名参赛者。这些参赛者曾与阿尔盖尔一同参加《超级减肥王》节目，他们都同意参与该项研究。几乎所有参与追踪调查的人在比赛后都经历了不同程度的体重反弹。

对于大多数靠自己减肥的人来说，体重反弹是很普遍的。大多数情况下，他们的节食行动都会失败，即使是减肥成功的节食者。当无法保持减肥后的体重时，他们最终会感觉自己是个真正的失败者。

即便这样，否认肥胖会给健康带来负面影响是没有好处的，其负面影响包括增加患心脏病、中风和 2 型糖尿病的风险。但是，一个人超重到什么程度才可能有患上这些疾病的风险呢？此外，许多人认为体重过轻总比体重超重要好，事实果真如此吗？还是我们对美的主观看法引发了这种观点呢？

为了更好地理解关于体重和健康的关系，我们需要科学地认识身体储存脂肪的生物学机理，以及那些影响体内储存脂肪的要素。只有这样，我们才能更全面地了解自己，包括我们每个人独特的基因表达和新陈代谢水平。

Q1 为什么吃的同样多，有的人却更容易变胖？

我们周围总有些令人羡慕的朋友，怎么吃都不胖，但有些人似乎喝白水都发胖。排除运动和饮食习惯等因素，科学研究发现，储存脂肪（变胖）的能力是因人而异的，某个特定个体所能储存的脂肪量，部分地取决于他的身体将食物分解成各组成部分的速度。"新陈代谢"是一个通用的术语，用来描述所有发生在体内的化学反应。

在体内发生的所有化学反应都离不开酶的调节、活化能的屏障作用以及酶与底物间诱导契合的生物学机制。

酶

所有的代谢反应都是由一种被称为酶的蛋白质来调节的，酶可以催化细胞内的化学反应。酶能帮助分解或合成物质，或者将更简单的物质转化成更复杂的物质。酶可以帮助身体分解所摄入的食物，释放储存在食物化学键中的能量。酶通常以它们针对的底物或所催化的反应来命名，在英文中它们的名字是以后缀"–ase"结尾的，例如，蔗糖酶（sucrase）是一种分解蔗糖的酶。

分子必须从周围吸收能量才能打破化学键，这通常以吸收热量的方式来实现。这就是为什么加热化学反应物在大多情况下能够加速反应。然而，将细胞加热到过高的温度会导致细胞损伤或细胞死亡，部分原因是蛋白质在高温下会发生变性。酶不需要热量来催化身体内的化学反应，它们在不损伤或不杀死细胞的情况下就能打破化学键。

活化能。启动代谢反应所需的能量起到催化屏障的作用，该能量被称为活化能。如果没有活化能这一屏障，细胞内所有的化学反应都将一直发生，而不管这些反应的产物身体需不需要。因为大多数代谢反应需要越过活化能屏障才能进行，所以它们需要由酶来调节。换句话说，当存在适合的酶时，一个特定的化学反应才会发生。酶是如何降低活化能屏障的呢？

诱导契合。通过酶催化反应产生代谢变化的化学物质被称为酶所作用的底物。酶通过与底物结合并对其化学键施加压力来降低活化能，从而降低打破化学键所需的初始能量。酶与底物结合的区域被称为酶的活性部位。每个活性部位都有特定的形状和化学性质。当底物与活性部位结合时，酶的形状会发生细微的改变来包裹底物。酶与底物结合的反应所产生的这种形状变化导致底物化学键受到压力，从而改变底物。这一过程被称为酶催化诱导契合模型。当酶改变形状时，它与底物的结合更紧密，使得打破底物的化学键更为容易。通过这种方式，酶帮助将底物转化为反应产物，然后酶恢复其原来的形状，以便再次进行反应（见图 3–1）。

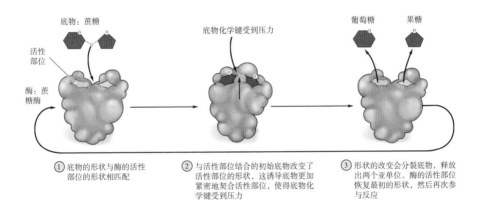

图 3-1　酶的作用过程

注：蔗糖酶将蔗糖（双糖）分解为单糖亚单位。

每种酶催化一种特定的反应，这种特性被称为特异性。酶的特异性是其形状及其活性部位形状不同产生的结果。每种酶都有独特的形状，这是因为它们是由不同的氨基酸以不同的顺序组成的。每一种氨基酸都有自己独特的侧基，它们以不同的数量和顺序排列，产生各种形状和大小的酶。每一种酶都有一个活性部位，可以与它特定的作用底物相结合。

酶调节着生物细胞里发生的所有代谢反应。酶和所有蛋白质一样，都是由基因编码的，所以一个人体内储存的脂肪量受到许多因素的影响。其中有些因素是可以控制的，例如，你吃了多少食物以及你做了多少运动；有些因素则是无法控制的，例如，你通过遗传获得了什么样的基因以及你体内代谢酶的数量是多还是少。

新陈代谢

不同种类的酶在不同的个体中有多有少，这导致了身体中进行化学反应的整体速度存在个体差异。因此，当你说你的新陈代谢快或慢时，实际上指的是酶在体内所催化的化学反应的整体速度。

代谢率是衡量一个人的能量使用情况的指标，该比率会根据人的活动水平产生变化。例如，我们睡觉时所需的能量比清醒时更少。基础代谢量代表一个清醒的人在休息时所消耗的能量。成年人的平均基础代谢量为每小时 70 卡路里或者每天 1 680 卡路里。然而，受运动习惯、生理性别和遗传等诸多因素的影响，基础代谢量实际上因人而异。

人运动时代谢率会提高。除了在运动中消耗热量，在运动后的一段时间内代谢率仍会保持在较高水平。代谢率升高的时长是运动强度的一个因变量。

生理性别也会影响人的代谢率。男性比女性每天需要更多的热量，这是因为男性体内会产生大量睾酮，这种激素会加快脂肪分解的速度。男性的肌肉比例也高于女性，他们需要更多的能量来维持其肌肉水平。

其他遗传因素在影响体重方面也起到了重要作用。体型和性别相同的两个人,即便他们消耗的热量和运动量相同,他们储存的脂肪量也不一定相同。有些人的基础代谢率天生就比较低。像所有基因一样,影响一个人脂肪储存率和利用率的基因也是由父母遗传给子女的。

如果身体要将食物完全代谢掉,那么食物必须被消化系统分解,然后通过血液输送到各个细胞。一旦进入细胞,食物中的能量就会通过细胞的呼吸作用转化为化学能。

Q2 为什么呼吸一刻也不能停?

"呼吸"一词也可以用来描述肺部呼吸。呼吸时,我们通过肺部吸入氧气,通过鼻子和嘴呼出二氧化碳。我们吸入的氧气被输送到细胞,细胞进行呼吸并释放二氧化碳。呼吸是我们维持正常代谢和生命活动所必需的基本功能之一,呼吸一旦停止,就意味着生命将面临终止。

细胞呼吸的本质是一系列的代谢反应,其作用是将储存在营养素化学键中的能量转化为细胞可利用的能量,同时释放出代谢废物。能量储存在化学键中,当化学键在多阶段过程中断开时,就会产生 ATP。ATP 可以为细胞提供能量,因为它会将来自食物的能量储存到自己的化学键中。在理解细胞呼吸之前,更好地了解 ATP 是非常重要的。

ATP 的结构和功能

从结构上来看,ATP 是一种腺嘌呤核苷三磷酸,这意味着它包含 1 个含氮碱基腺嘌呤、1 个核糖和 3 个磷酸基团。3 个连续的磷酸基团都带负电荷。这些连续的负电荷互相排斥,基团断裂产生的能量类似于你试图将两个磁铁负极放在一起时感受到的能量。

　　去除 ATP 末端的磷酸基团可以释放能量，这些能量可以用于细胞的生理活动。在这种情况下，ATP 的作用就像一个螺旋弹簧。让我们设想，给一把飞镖枪上膛。将飞镖插入枪里需要你手臂肌肉的能量，而你释放的能量储存在飞镖枪的螺旋弹簧里。当你扣动飞镖枪时，能量从枪里释放出来，并做了一些功，在这个例子中，能量的作用就是将飞镖发射到空中。

　　ATP 上的磷酸基团可以被转移到另一个分子上，这个过程被称为磷酸化，该过程给接收磷酸基团的分子提供了能量。当一个分子，比如一种酶，需要能量时，磷酸基团就会从 ATP 转移到酶上，酶的形状就会发生变化，从而使酶实现其功能。失去一个磷酸基团后，ATP 就变成了腺苷二磷酸（ADP，见图 3-2）。ATP 最外层磷酸基团所释放的能量可以用来帮助细胞完成许多不同的功能。ATP 为细胞的机械功能（如细胞的运动）、运输功能（如主动运输过程中物质的跨膜运动）以及化学功能（如简单分子合成为复杂分子）提供动力（见图 3-3）。

　　细胞持续消耗 ATP。耗尽供给的 ATP 意味着必须再生成更多的 ATP。在细胞呼吸过程中，重新给 ADP 加回一个磷酸基团就能合成 ATP（见图 3-4）。该过程会消耗氧气，产生水和二氧化碳。细胞呼吸的一些步骤需要氧气，这些步骤涉及的化学反应被称为有氧反应，这种类型的细胞呼吸被称为有氧呼吸。

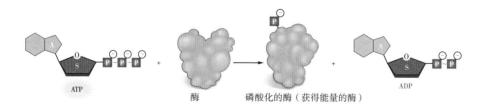

图 3-2　酶的磷酸化

注：ATP 分子末端的磷酸基团可以被转移到另一个分子上，在这个例子中是转移到一种酶上，从而给酶提供了能量。当 ATP 失去一个磷酸基团时，它就变成了 ADP。

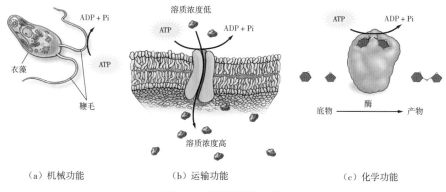

（a）机械功能 　　　　　（b）运输功能 　　　　　（c）化学功能

图 3-3　ATP 和细胞功能

注：ATP 为细胞的下列功能提供动力：（a）机械功能，例如单细胞绿藻鞭状鞭毛的运动；（b）运输功能，例如将某种物质从其低浓度区域跨膜运输到高浓度区域；（c）化学功能，例如底物经过酶转化为产物的过程。Pi 代表磷酸基团。

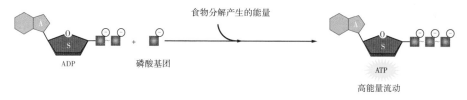

图 3-4　ATP 再生

注：在细胞呼吸过程中，ADP 和磷酸基团再生出 ATP。

细胞呼吸

"呼吸"一词也可以用来描述肺部呼吸。呼吸时，我们通过肺部的扩张吸入氧气，通过肺部的收缩呼出二氧化碳。我们吸入的氧气被输送到细胞，细胞进行呼吸并释放二氧化碳。

大多数营养素可以通过这个过程被分解并生成 ATP。在该过程中，碳水化合物的代谢开始得最早，蛋白质和脂肪的代谢则开始得较晚。

让我们看看呼吸过程中葡萄糖代谢的路径。葡萄糖是一种能量丰富的糖，但它的消化产物，即二氧化碳和水，却并不含有能量。那么能量去了哪里呢？原来，葡萄糖在转化为二氧化碳和水的过程中所释放的能量被用来合成ATP了。

该过程中的许多化学反应都发生在线粒体中。线粒体是一种植物细胞和动物细胞里都存在的细胞器（见图 3-5a）。通过线粒体中一系列复杂的反应，葡萄糖分子分解，碳原子和氧原子以二氧化碳的形式从细胞里释放出来。葡萄糖里的氢原子与氧原子结合生成水（见图 3-5b）。

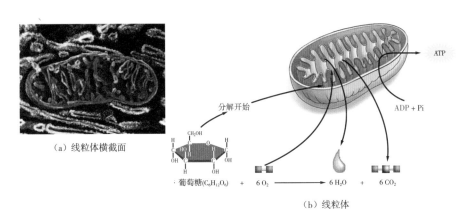

（a）线粒体横截面

葡萄糖($C_6H_{12}O_6$) + 6 O_2 → 6 H_2O + 6 CO_2

（b）线粒体

图 3-5　细胞呼吸概述

注：（a）细胞呼吸的大部分过程发生在线粒体内；（b）细胞呼吸分解葡萄糖，该过程需要氧气的参与。储存在葡萄糖键中的能量被用来产生 ATP，原料为 ADP 和磷酸基团，此生成过程会释放二氧化碳和水。

有非常多的酶参与营养物质的代谢和 ATP 的产生。因为酶是由基因编码的，而生物体的基因组存在一定差异，所以生物体进行细胞呼吸每一步骤的速度以及以脂肪形式储存未使用的能量的速度也存在着差异。

为了更彻底地了解构成细胞呼吸作用的复杂反应，我们需要更仔细地观察细胞的内部运行情况，这些我们将在接下来的内容中阐述。

细胞呼吸的不同阶段

细胞呼吸分为三个阶段。在早期的两个阶段，电子从葡萄糖中被移除，并在最后阶段用来制造 ATP。在此期间，电子不会到处漂浮，否则将破坏细胞结构。相反，它们由一种叫作电子载体的分子携带。细胞呼吸使用的电子载体之一是一种叫作烟酰胺腺嘌呤二核苷酸（NAD+）的化学物质。你可以把这个分子想象为运载电子的出租车。空的出租车（NAD+）携带电子。一个氢原子包含一个氢离子（H+）和一个电子。当 NAD+ 获得一个氢原子时，它就变成了还原型烟酰胺腺嘌呤二核苷酸（NADH）。满载的出租车（NADH）携带电子到达目的地，然后电子下车离去，空的出租车再一次成为 NAD+，返回去携带更多的电子（见图 3-6）。NADH 将电子储存起来，以供细胞呼吸的第三个阶段使用。

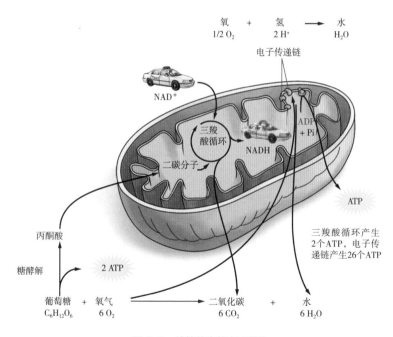

图 3-6 线粒体中的电子载体

注：细胞中的电子载体就像出租车，将原始葡萄糖分子中的电子输送到呼吸的最后阶段。

阶段 1：糖酵解。 为了获取能量，六碳葡萄糖分子首先分解为 2 个三碳丙酮酸分子（见图 3-7）。实际上，细胞呼吸过程的这一阶段发生在线粒体之外的液态胞质溶胶中。糖酵解不需要氧气，并且在最初的能量投入后，共净生成 2 个 ATP 分子。

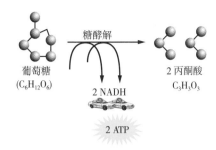

图 3-7 糖酵解

注：糖酵解，即 1 个葡萄糖分子在酶促作用下转化为 2 个丙酮酸分子，该过程也生成了少量的 NADH 和 ATP。

阶段 2：三羧酸循环。 糖酵解后，丙酮酸又经氧化转化为乙酰 CoA，即一种二碳分子在线粒体内进一步代谢。二碳分子进入三羧酸循环，即在线粒体基质里发生一系列酶促反应。在这里，原来的葡萄糖分子被进一步分解。更多的电子被积累，剩余的碳以 CO_2 的形式被释放出来（见图 3-8）。

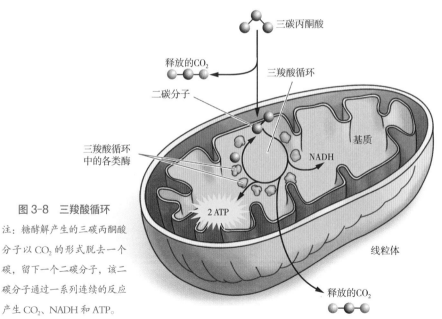

图 3-8 三羧酸循环

注：糖酵解产生的三碳丙酮酸分子以 CO_2 的形式脱去一个碳，留下一个二碳分子，该二碳分子通过一系列连续的反应产生 CO_2、NADH 和 ATP。

阶段 3：电子传递和 ATP 合成。 在三羧酸循环过程中产生的电子由 NADH

携带到细胞呼吸的最后阶段。电子传递链是嵌在线粒体内膜上的一系列蛋白质与有机分子的集合，其作用相当于一种电子传送带，将电子从一个复合体转移至另一个复合体。在糖酵解和三羧酸循环过程中产生的 NADH 分子所失去的电子向线粒体基质的电子传递链终端移动，在那里氢离子（H^+）将与氧气结合生成水。

每当复合体获得电子或者电子被转移到另一个复合体时，转移电子的复合体就会改变形状。这种形状的改变使得氢离子从线粒体的基质移动到线粒体的膜间隙。因此，尽管电子传递链中的复合体让电子沿着电子传递链朝向氧的方向移动，但它们也同时移动了氢离子，使其穿过线粒体内膜进入膜间隙。这种运动降低了基质中氢离子的浓度，增加了膜间隙内氢离子的浓度。每当存在浓度梯度时，疏水性小分子会从自己的高浓度区域扩散到低浓度区域。但带电离子不能穿过膜的疏水核心扩散，它们通过膜里的蛋白质通道流出，该通道被称为 ATP 合酶，它使质子梯度中的能量转换为细胞可使用的能量。虽然你可能不明白上述过程，但你也许知道水力发电大坝将水流经机械涡轮时所产生的能量转化为电能。你可以将 ATP 合酶看作以类似的方式转换了能量。ATP 合酶利用快速流动的氢离子所产生的能量，将 ADP 和磷酸合成 26 个 ATP（见图 3-9）。

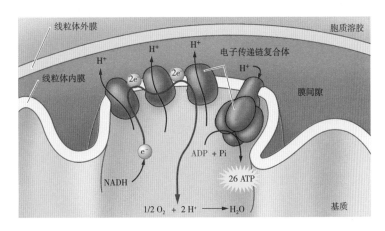

图 3-9　线粒体内膜的电子传递链

注：NADH 将电子带入电子传递链，当电子穿过电子传递链的复合体时，氢离子被
　　泵入膜间隙，氢离子通过 ATP 合酶回流，该过程将 ADP 转化为 ATP。就这样，进
　　入电子传递链上电子的能量被用来生成 ATP。

其他营养素的新陈代谢

大多数细胞不仅能分解碳水化合物，还能分解蛋白质和脂肪。图 3-10 展示了蛋白质和脂肪在细胞呼吸过程中的进入点。蛋白质被分解成氨基酸，这些氨基酸再被用来合成新的蛋白质。大多数生物体也能分解蛋白质来提供能量。然而，该过程只有在缺乏脂肪或碳水化合物时才会发生。对于人类和其他动物来说，从蛋白质的氨基酸中获取能量的第一步是去除氨基酸中含氮的氨基。移除氨基后剩下的物质被进一步分解，最终进入线粒体。在线粒体中，它们进入三羧酸循环并产生 CO_2、水和 ATP。脂肪的亚单位，即甘油和脂肪酸，也可经过三羧酸循环产生 CO_2、水和 ATP。有些细胞只有在碳水化合物耗尽时才会分解脂肪。

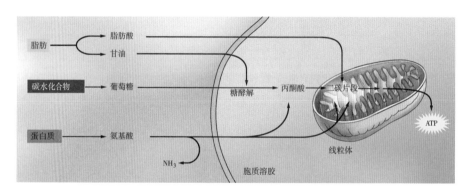

图 3-10　其他大分子的代谢

注：碳水化合物、蛋白质和脂肪都参与细胞呼吸，它们只是进入了代谢途径的不同部分。

无氧代谢：无氧呼吸和发酵

细胞的有氧呼吸是生物体获取能量的一种方式。在缺氧的情况下，一些细胞也可以通过被称为无氧呼吸的代谢过程产生能量。

肌肉细胞通常通过有氧呼吸产生 ATP。然而，剧烈运动会导致氧气的供应减少。当肌肉细胞缺氧时，它们必须通过糖酵解途径获取大部分 ATP，糖酵解是细胞呼吸过程中唯一不需要氧气的阶段。在不存在有氧呼吸的情况下发生糖酵解时，细胞会缺少电子载体 NAD^+，因为 NAD^+ 在糖酵解过程中被转化为 NADH。当这种情况发生时，细胞通过一种被称为发酵的过程来再生 NAD^+。

　　然而，细胞不能长久进行发酵这一过程，因为这会导致该反应的副产物之一——乳酸不断累积。乳酸是由电子受体 NADH 的作用产生的，在发酵过程中，因为不存在电子传递链，也没有氧接收电子，所以 NADH 无法转移电子。相反，糖酵解产生丙酮酸，NADH 通过将电子转移给丙酮酸的方式储存电子（见图 3-11a）。乳酸被运至肝脏，在那里肝细胞利用氧气将其重新转化为丙酮酸。

　　将乳酸转化为丙酮酸需要氧气，这解释了为什么你在停止锻炼后仍然呼吸急促。你的身体需要给肝脏提供氧气来进行这种转化，该过程有时被称为"偿还氧气债务"。乳酸的积累也解释了疲劳的肌肉会"燃烧"的原因和"撞墙"[1]现象。在

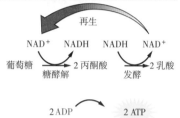

（a）人体肌肉

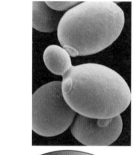

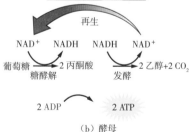

（b）酵母

图 3-11　无氧代谢

注：（a）糖酵解之后乳酸发酵以生成 NAD^+。该途径在糖酵解过程中也生成 2 个 ATP。（b）糖酵解之后乙醇发酵也会再生成 NAD^+，并生成 2 个 ATP。

---

[1] "撞墙"一般指马拉松比赛中，在后半段 30 千米左右会出现的肌肉抽筋、僵硬，体能下降，呼吸急促的现象。

——译者注

跑步或骑车时，任何一个曾经感觉自己的腿像木头一样沉重的人都知道这种感觉。当你的肌肉经长时间工作产生乳酸时，氧债会变得过大，肌肉就会停止工作，直到供氧速度超过耗氧速度，你的腿才能恢复正常的感觉。

有些真菌和细菌也在发酵过程中产生乳酸。放置在无氧环境中的特定微生物可以将牛奶中的糖转化，产生酸奶、酸奶油和奶酪。正是存在于这些乳制品中的乳酸才使乳制品有很冲或酸的味道。无氧环境里的酵母会产生乙醇而不是乳酸。当丙酮酸在酵母细胞中进一步代谢时，就会形成乙醇（见图 3-11b）。用于酿造啤酒和葡萄酒的酵母可以将谷物或葡萄中的糖转化为乙醇和 CO_2。制作面包用的酵母所生成的 CO_2 会使面包发酵膨胀。

Q3 为什么节食后体重反而容易反弹?

既然我们已经了解了参与新陈代谢的酶和细胞利用营养物质获取能量的方式，接下来就可以把注意力转回到健康和体重的问题上。我们如何确定一个人的体重是否健康呢?

体重指数

判断体重是否健康的方法之一是使用被称为体重指数（BMI）的工具（见表 3-1）。BMI 是通过身高和体重来估算人体胖瘦程度及是否健康的一种指标。BMI 将个体分为 5 个独立的类别：体重过轻、体重正常、超重、中度肥胖和严重肥胖。

然而，按照 BMI 分类并不像我们所期待的那样准确。研究表明，BMI 工具可能将多达 1/4 的人错误地分类，因为这种测量方法无法区分肌肉量和体脂量。例如，一个有很多肌肉的运动员会比身高相似却有很多脂肪的人重，因为肌肉比脂肪密度大。因此，如果使用这个工具来测量，一个非常健康的人可能会被划归为超重。

表 3-1 BMI*

身高	（英尺）							体重	（磅）					
4′10″	91	96	100	105	110	115	119	124	129	134	138	143	167	191
4′11″	94	99	104	109	114	119	124	128	133	138	143	148	173	198
5′0″	97	102	107	112	118	123	128	133	138	143	148	153	179	204
5′1″	100	106	111	116	122	127	132	137	143	148	153	158	185	211
5′2″	104	109	115	120	126	131	136	142	147	153	158	164	191	218
5′3″	107	113	118	124	130	135	141	146	152	158	163	169	197	225
5′4″	110	116	122	128	134	140	145	151	157	163	169	174	204	232
5′5″	114	120	126	132	138	144	150	156	162	168	174	180	210	240
5′6″	118	124	130	136	142	148	155	161	167	173	179	186	216	247
5′7″	121	127	134	140	146	153	159	166	172	178	185	191	223	255
5′8″	125	131	138	144	151	158	164	171	177	184	190	197	230	262
5′9″	128	135	142	149	155	162	169	176	182	189	196	203	236	270
5′10″	132	139	146	153	160	167	174	181	188	195	202	209	243	278
5′11″	136	143	150	157	165	172	179	186	193	200	208	215	250	286
6′0″	140	147	154	162	169	177	184	191	199	206	213	221	258	294
6′1″	144	151	159	166	174	182	189	197	204	212	219	227	265	302
6′2″	148	155	163	171	179	186	194	202	210	218	225	233	272	311
6′3″	152	160	168	176	184	192	200	208	216	224	232	240	279	319
6′4″	156	164	172	180	189	197	205	213	221	230	238	246	287	328
BMI	19	20	21	22	23	24	25	26	27	28	29	30	35	40

< 19	19～24	25～29	30～39	≥40
体重过轻	体重正常	超重	中度肥胖	严重肥胖

（19 25 30 35 40）

　*：BMI 值是根据纵轴的身高（单位英尺，1 英尺 ≈ 30.48 厘米）和横轴的体重（单位磅，1 磅 ≈ 0.45 千克）计算的。BMI 值 = 体重（kg）÷ 身高^2（m）。

体重过轻不健康

　　如果人的 BMI 值低于 18.5，就有患厌食症的风险，该疾病在大学校园里很普遍。据估计，1/5 的女大学生和 1/20 的男大学生会严格限制自己的食物摄入量，甚至到了"濒临饿死"的程度。当人们让自己吃东西，有时甚至是暴饮暴食，但通过呕吐或使用泻药来阻止营养物质的吸收，也属于厌食症，是一种自我强迫性饥饿的状况。

　　厌食症对健康会产生长期的影响。该疾病会导致心肌受损，从而改变心率。患厌食症的女性因身体脂肪缺乏也会导致月经停止，这种症状被称为闭经。当脂肪细胞分泌的一种叫作瘦素的蛋白质向大脑发出信号，表明体脂不足而无法支持怀孕时，调节月经的激素，例如雌激素，就会因此受阻，月经停止。闭经可能是永久性的，并且大部分的厌食症患者会因此患上不育症。缺乏雌激素造成的损害不仅限于生殖系统，骨骼也同样会受到影响。月经周期过程中卵巢分泌的雌激素会作用于骨细胞，帮助它们保持力量和形状。厌食症会削弱骨骼的发育，厌食症患者因骨质疏松症而导致骨折的风险更高。

如果你的 BMI 值在正常体重范围内，就不用担心体重会带来健康风险。事实上，研究表明，即使是那些超重和中度肥胖的人也不需要像我们曾经所认为的那样担心。包括最近的荟萃分析（对数百项研究进行分析）在内的许多研究表明，与正常体重人群相比，实际上超重人群的死亡率更低。图 3-12 展示了不同体重类别的人的相对死亡风险。相对死亡风险指的是有某种情况的人群与无某种情况的人群发生死亡的概率。

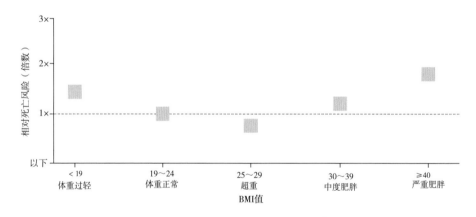

图 3-12　死亡风险与 BMI 值的关系 ①

注：该图显示了其他 BMI 类别的成年人因任何原因而导致的死亡风险与体重正常的成年人的死亡风险的比较。体重正常的成年人是对照组，其相对死亡风险为 1×。蓝色方块表示每种体重指数类别相对于对照组的平均相对死亡风险。

① 书中展示的是美国的 BMI 分级标准。国内 BMI 分级标准为：＜18.5，体重过轻；18.5～24，体重正常；25～28，体重超重；28～39，中度肥胖；≥40，严重肥胖。

——编者注

虽然中度肥胖与略高的死亡率更相关，但将中度肥胖再细分为两类会得到不同的结果。中度肥胖的 BMI 分级范围为 28 ～ 39，目前趋势是将这一类细分为 1 级肥胖和 2 级肥胖。1 级肥胖的范围在 28 ～ 34.9，2 级肥胖的范围在 35 ～ 39.9。这种细分是有道理的，因为事实是 1 级肥胖与任何增加的健康风险无关联，而 2 级肥胖和 BMI 为 40 或高于 40 的 3 级肥胖与我们通常所认为的肥胖人群更常见的健康问题有关联。

那么我们如何利用这些信息呢？对于许多人来说，他们很难控制自己的体重。超重相关的健康问题虽然真实存在，但是似乎直到变得相当肥胖时，这些健康问题才开始出现。预防肥胖的首要注意事项可能就是不要采用《超级减肥王》参赛者为了减肥而采用的那种极端热量限制和运动法。研究表明，极端的节食实际上会促使身体更有效地利用热量，而使体重下降只是例外，不是常态（见图 3-13）。

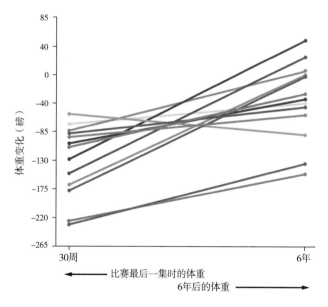

图 3-13 《超级减肥王》参赛者 6 年后的体重变化

注：《超级减肥王》某一季的最后一集展示了 13 名参赛者的体重，又展示了 6 年中他们的体重变化情况。

例如，发表在同行评议期刊《肥胖》（*Obesity*）上的一项研究表明，《超级减肥王》参赛者的瘦素水平可能因为他们极端的节食方式而被永久地改变了。瘦素这种激素能控制饥饿感。在参赛者开始节食之前，他们的瘦素水平正常，但到了这季节目结束时，他们的瘦素显著减少，这会导致持续的饥饿感。随着体重的增加，他们的瘦素也在相应增加，但 6 年后仍然没有回到参赛前的水平。

研究还表明，人体会因极端节食而改变新陈代谢的速率，从而导致新陈代谢减慢。现在，参与研究的大多数参赛者消耗热量的速度比预期慢。节目结束 6 年后，肖恩·阿尔盖尔每天消耗的热量比体形相似的人预期消耗的热量少 450 卡路里，他的体重也比最初参赛时重。瘦素水平和代谢率的改变有助于解释为什么采用极端节食法的人很难维持其减肥效果。

要点回顾
BIOLOGY : SCIENCE FOR LIFE >>>

- 像其他基因一样,影响一个人脂肪储存率和利用率的基因也是由父母遗传的。也就是说,体重也是受遗传因素影响的。

- 细胞呼吸的本质是一系列的代谢反应,其作用是将储存在营养素化学键中的能量转化为细胞可利用的能量,同时释放出废物。

- 极端节食实际上会促使身体更有效地利用热量,而使体重下降只是例外,不是常态。也就是说,极端节食往往伴随着体重的反弹。

BIOLOGY
SCIENCE FOR LIFE

04

全球气候变暖会带来哪些影响？

妙趣横生的生物学课堂

· 极端天气为什么越来越多?

· 地球正在经历千年一遇的高温气候?

· 光合作用能减缓全球变暖吗?

· 高温会给全球植物带来哪些破坏?

· 面对全球气候变暖,我们能做些什么?

2015 年，世界上几乎所有国家的政要在巴黎参与了一次历史性对话，并于 12 月 12 日签署了一项应对全球变暖的协定，即《巴黎协定》。197 个缔约方一致同意，在 2050 年前实现碳中和。随着"协定"的实施，发展中国家将获得财政援助，以帮助减少温室气体排放；那些缺乏资源来减轻气候变化负面影响的国家也将获得援助。

大会召开前几天，在世界各地数十个城市里，成千上万的活动家和普通市民参加了引人注目的和平游行。这些游行规模盛大，让各国领导人更有信心采取行动。事实上，许多领导人对这来之不易的成果而兴奋不已。"这真是一个历史性的时刻，"时任联合国秘书长潘基文说，"气候变化是全球最关键的问题之一，我们首次在该问题上真正达成了普遍协定。"但许多环保活动人士更为谨慎，他们指出，该协定并没有规定应对日益严重的气候变化威胁的任何具体行动。

潘基文将气候变化描述为"全球最关键的问题之一"，这并不是夸大其词。据记载，自工业革命开始以来，全球气温上升了 1℃，这听起来可能只是小幅的上升，但是全球气候已经发生了显著变化。随着海平面的上升，高山冰川和极地冰冠正在消失；风暴变得更猛烈、更具破坏性；而携带病原体的昆虫改变了它们的分布模式，从而对人类造成了威胁。科学家们表示，任何高出《巴黎协定》所设定的目标的变化，即比历史平均气温高出 2℃，都将使人类未来面临更严重的后果，这些后果包括更猛烈的风暴、更广泛的食物匮乏和水资源短缺。

科学家们阐述了这场危机的严重性以及人类不作为将导致的后果，鉴于此，我们应该团结起来，共同应对气候变化，这可能对人类的生存和安宁至关重要。《巴黎协定》虽然远非完美，却是应对气候变化进程中的重要一步。但是，人类是如何陷入这种困境的？也许更为重要的是，人类能够采取什么措施来应对这种困境？针对这些问题，科学能做出怎样的解答？

Q1　极端天气为什么越来越多？

在回答"极端天气为什么越来越多"之前，我们先来对这个问题进行科学评估，分辨一下它是科学的，还是耸人听闻、哗众取宠的伪科学。

全球变暖是指过去一个世纪以来地球的平均气温逐渐升高。对于全球变暖的性质和原因，科学家和政府任命的专门小组之间几乎没有争议。在同行评议期刊上发表论文的科学家和受人尊敬的专门科学小组、学会，例如政府间气候变化专门委员会（Intergovernmental Panel on Climate Change，IPCC）、美国国家科学院（National Academy of Sciences，NAS）和美国科学促进会（American Association for the Advancement of Science，AAAS）都一致认为，地球的平均气温正在上升，并且在 20 世纪所观察到的大部分变暖现象都是由人类行为造成的。

全球变暖导致了全球气候变化，即相对于一定的历史条件，世界各地正在发生的当地平均气温、降水和海平面的变化。尽管由于地球轨道和太阳辐射的变化，地球的气候会随着时间的推移而波动，但是人类活动所造成的全球变暖（人为全球变暖）已经极大地加快了变化的速度，以至于人类将难以适应。

人为全球变暖是由近来大气中特定气体的浓度增加引起的，这些特定气体包括水蒸气、二氧化碳、甲烷和臭氧。煤、石油和天然气的燃烧直接结果是导致多种温室气体的累积，而这些燃料燃烧排放最多的气体是二氧化碳。因此，二氧化碳被认为是需要控制的最重要的温室气体。

地球是一个温室

大气中存在大量的二氧化碳和其他温室气体，这导致了被称为温室效应的现象。尽管被命名为温室效应，但是这些气体所引发的现象并不完全像温室现象。温室现象表现为，太阳辐射穿透温室玻璃进入温室，然后地表受热后散发的热量被玻璃板罩住，无法散发出去。在地球上，温室效应是这样产生的：太阳散发的热量加热地球表面，然后地球表面向外辐射热能。大部分热量被辐射回太空，但也有部分热量使大气中的温室气体升温，然后又被辐射到地球表面。

从本质上来说，温室气体的作用就像一张毯子（见图4-1）。当晚上盖毯子睡觉时，你的体温会使毯子暖和起来，反过来毯子又可以帮助你保温。当大气中温室气体含量增加时，其效果就像人睡在一张更厚的毯子下，即更多的热量被保留并再次辐射回来，因此大气"毯子"下的温度会更高。

温室效应本身并不是一种危险的现象，事实上，它对人类和其他生物都是必要的。如果地球大气层中不存在温室气体，那么过多的热量将散失到太空中，地球将变成极冷的地方而无法维持生命生存。但人为的全球变暖会造成地球温度上升速度加快，从而导致天气模式和海平面的变化，这些变化超出了许多生物体的适应能力。那么，这对人类将意味着什么？

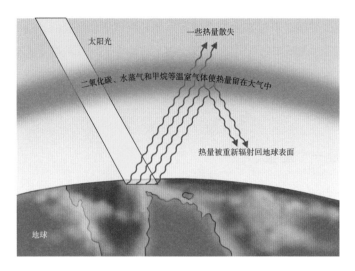

图 4-1　温室效应

注：来自太阳的热量被大气中的水蒸气、二氧化碳和其他温室气体吸收，然后被重新辐射回地球。

水、热量与温度

水体吸收能量，并帮助地球维持稳定的温度。你可能已经注意到，在炉子上加热水时，金属水壶比水先变热。这是因为水的加热速度比金属慢，并且水比大多数物质具有更强的抗温度变化能力。

热量和温度是能量的量度单位。热量是某一物质中原子或分子运动所产生的总能量。温度是热量强度的量度单位，与物质中分子的移动速度有关。当你在凉爽的湖里游泳时，你的体温比水高；然而，湖中含有的热量比你身体的热量多，因为尽管湖里的分子移动得更慢，但湖水的体积比你的身体大得多，所以湖水分子运动量的总和比你身体里分子运动量的总和要大得多。

相邻水分子间形成的氢键使其比其他分子更具凝聚力，换句话说，水分子倾向于"黏在一起"。即使被加入大量的热量，这些氢键也使水能在一定程度上放缓温度的变化。发生这种现象的原因是，当水被加热时，热能必须先破坏氢键。

只有打破足够多的氢键后，热量才能使水分子加速移动，从而使总体温度升高。当水冷却时，相邻水分子之间重新形成氢键，并向空气中释放热量。水体可以将周围的大量热量储存起来，而水的温度仅略有上升，反之亦然（见图4-2）。

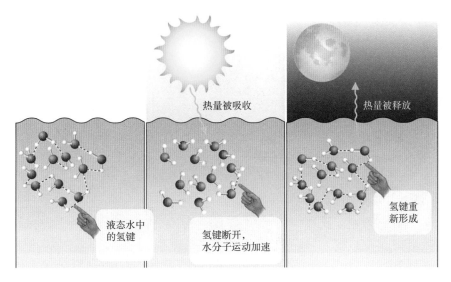

热量被吸收

热量被释放

液态水中的氢键

氢键断开，水分子运动加速

氢键重新形成

图 4-2   水中的氢键

注：氢键在吸收热量时断开，在水释放热量时重新形成。

水的吸热能力对地球的气候有重要影响。地球上的海洋和湖泊中含有大量的水，它们吸收太阳辐射出的大量热量，并在辐射量较少时释放这些热量，使空气变暖，防止温度大幅度波动，从而保持温度适中。

随着温度的持续上升，单个水分子能快速地移动，并整体以水蒸气的形式上升至空气中。这为水循环奠定了基础，使水从陆地、海洋和湖泊进入云层，然后再返回地球表面（见图4-3）。随着地球表面附近被捕获的热量逐渐增加，水循环也会加快。水循环的增强导致气候出现了更多的两极分化现象，换句话说，潮湿的地方越来越潮湿，干燥的地方越来越干燥。

二氧化碳的增加会推动这一变化，而二氧化碳的来源是多样的。

图 4-3　水循环

注：水从海洋和其他地表进入大气中，然后再重新返回地球表面，存在于生物体内、地下水池和土壤中，以及陆地上的冰冠和冰川中。

Q2　地球正在经历千年一遇的高温气候？

　　来自南极洲冰芯的数据（见图 4-4）表明，尽管地球经历了高浓度二氧化碳循环，但如今大气中二氧化碳的浓度比人类历史上任何时期都高，比过去 40 万年中的任何时期都高。冰芯数据还表明，二氧化碳含量的增加与温度升高是同时发生的，这表明二氧化碳明显使地球变暖了。综合来看，这些数据相当令人担忧。我们从数据中可以看出，目前的地球温度比地球数千年来所经历的温度还要高，也比地球上人类所经历的温度还要高，将很快超过过去 40 万年中的历史最高值。

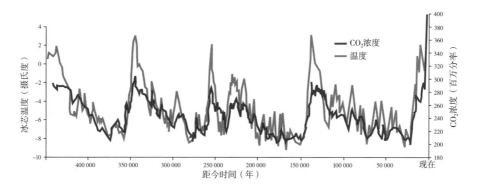

图 4-4 南极冰芯的温度和大气 CO_2 浓度的记录

注：这些数据表明，CO_2 含量的增加与温度的升高有关。

为什么 CO_2 浓度突然增高了这么多？这些突然多出来的 CO_2 又是从哪里来的呢？

构成生物体的复杂元素通过生物地球化学循环在环境中转移。图 4-5 说明了碳是如何在生物体、大气、水体和岩石之间循环的，就像水一样。你呼出的 CO_2 进入大气，在那里它可以吸收热量；这些分子能返回地表，溶解在水中，或被植物和其他特定的生物体吸收。

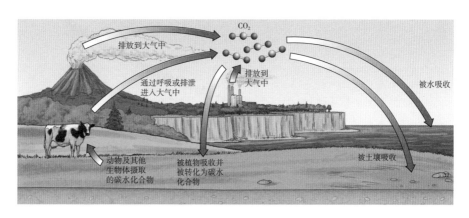

图 4-5 碳的循环

注：生物体生理活动、火山喷发和化石燃料燃烧都会产生 CO_2。植物、海洋和土壤从空气中吸收 CO_2。

植物、藻类和某些种类的细菌可以吸收 CO_2，它们利用太阳能将 CO_2 转化成碳水化合物。大多数生物体依赖这些碳水化合物作为细胞能量的来源，并在消耗碳水化合物的过程中将 CO_2 释放到大气中。任何未被消耗的碳水化合物都可能在地下埋藏数千年，这些碳水化合物中含有的碳在未来可能会通过火山活动或者由人类的提取和燃烧而释放出来。正是人类行为导致了大气中 CO_2 的迅速积累。

上述所讨论的储存的碳水化合物被称为化石燃料。这些燃料，即石油、煤炭和天然气，都是"化石"，因为它们是由埋藏在地下的古代植物和微生物遗骸形成的。经过数百万年的时间，这些生物体内的碳水化合物被地壳深处的热量和压力转变为高度集中的能源。人类现在正在利用这些能源，为家庭、车辆和企业提供动力，但人们燃烧这些燃料造成的结果就是，将数百万年来储存的碳以 CO_2 的形式释放出来。人类使用化石燃料造成的影响是可测量的。在过去 50 年里，科学家们通过直接的测量详细地记录了大气中 CO_2 含量的增加（见图 4-6）。此外，科学家们还能分析远古冰盖中的化石空气，以确定更久远时期大气中的 CO_2 含量。这种测量方法是可行的，因为落在冰原表面的雪会锁住空气。

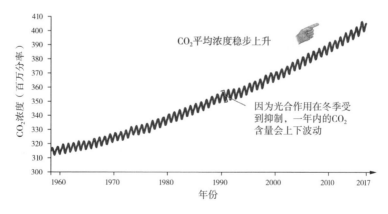

图 4-6　大气中 CO_2 含量的增加

注：1960 年至 2017 年大气中 CO_2 含量的增加情况，由夏威夷冒纳罗亚观测站（Mauna Loa Observatory）测量。

随着雪不断累积,下方的雪被压缩成冰,而被困在其中的空气变成了被冰包裹的微小气泡。因此,这些气泡是化石,是它们形成时大气中气体的实际样本。从存在久远的冰原中取出冰芯(见图4-7)进行分析,可以确定随时间推移大气中 CO_2 浓度的变化。气泡中的其他气体能间接提供气泡形成时的温度信息。

图4-7 冰芯

注:通过分析冰芯,科学家可以测量过去大气中的 CO_2 浓度。

来自南极洲冰芯的数据(见图4-4)表明,尽管地球经历过高浓度 CO_2 的时期,但如今大气中 CO_2 的浓度比人类历史上任何时期都高,事实上比过去40万年间的任何时期都高。冰芯数据还表明,CO_2 含量的增加与温度升高几乎同时发生,这表明 CO_2 明显使地球变暖。综合来看,这些数据相当令人担忧。我们从数据中可以看出,地球可能很快将面临远高于当前气候的温度,比地球数千年来所经历的温度还要高,也比地球上人类所经历过的温度都要高。

Q3 光合作用能减缓全球变暖吗?

现代植物和某些微生物就像它们的祖先一样——从大气中吸收二氧化碳并将其转化为碳水化合物。我们能否依靠这些现代生物来减少燃烧化石燃料所释放的温室气体,从而降低全球气候变化所带来的威胁呢?

答案可能会让你大失所望。仅仅依靠植物的光合作用,无法将现在多余的温室气体全部消除。如果你了解光合作用的原理,你就会明白其中的原因。

光合作用是叶绿体利用从太阳获得的光能，将 CO_2 和水转化为糖的过程。换句话说，光合作用可以将光能转化成所有生物所需的化学能。

叶绿体：光合作用的场所

叶绿体是植物细胞中进行光合作用的专门细胞器。叶绿体被内、外两层膜包围（见图 4-8），内外膜合称为叶绿体被膜。叶绿体被膜包裹着一个充满基质的室。基质是一种黏稠的液体，里面贮藏着一些促进光合作用的酶。悬浮在基质中的圆盘状膜结构被称为类囊体，通常像薄煎饼一样堆积在一起。叶绿体内大量的类囊体膜提供了大量的表层区域，许多光合作用的反应就发生在这些区域里。

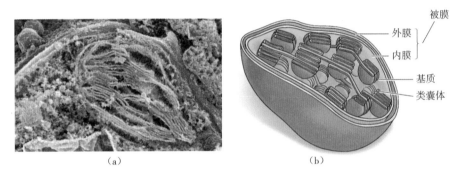

被膜
外膜
内膜
基质
类囊体

（a）　　　　　　　　（b）

图 4-8　叶绿体

注：叶绿体的横截面（a）和参与光合作用的结构（b）。

类囊体膜的表面有数百万个叶绿素分子。叶绿素是一种吸收太阳能的色素，正是叶绿素使得植物叶子和其他植物结构呈绿色。像所有的色素一样，叶绿素也会吸收光。光是由不同波长的波构成的，在人眼看来，较短波长的波呈紫色或蓝色，中等波长的波呈绿色，较长波长的波呈黄色或红色。用肉眼来看，叶绿素呈绿色，这是因为它吸收了较短和较长波长的波，并反射出中等波长的波（见图 4-9）。

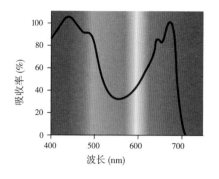

图 4-9　叶子色素的吸收光谱

注：绿色植物中被叶绿素和其他色素吸收的波主要是较短和较长波长的波，因此从叶子表面反射回来的中等波长的波，用我们的肉眼来看，就呈现为绿色。

当叶绿素等色素吸收阳光时，与色素相关的电子会被激发，也就是说，电子的能量水平会增加。例如，在阳光明媚的日子里，你也许会在停车场注意到这种现象。由于黑色能吸收可见光所有波长的波，因此一辆黑色的汽车在太阳下会迅速变热。而一辆白色的汽车则温度相对较低，因为白色不吸收任何光能。与叶绿素相互作用的光能被转化为化学能。对于大多数吸收了光能的色素来说，在化学能以热量的形式散失之前，其电子会在很短的一段时间里保持其激发态。然而，在叶绿体内部，被激发的叶绿素分子的化学能并不都以热量的形式被释放出来；相反，大部分化学能被捕获了。

光合作用的过程

植物和其他进行光合作用的生物体可以利用太阳能，把从环境中吸收的二氧化碳和水中的原子重新排列，从而生成碳水化合物（最初是葡萄糖）。光合作用的副产物是氧气，概括光合作用的化学方程式如下：

$$二氧化碳 + 水 + 光能 \longrightarrow 葡萄糖 + 氧气 \qquad （式 4\text{--}1）$$

或者，从更专业的角度来看，是

$$6\,CO_2 + 6\,H_2O + 光能 \longrightarrow C_6H_{12}O_6 + 6\,O_2 \qquad （式 4\text{--}2）$$

进行光合作用的生物体利用所产生的糖来促进自身生长，并为细胞提供能量。它们和以它们为食的生物体一起，通过细胞的呼吸过程，释放储存在糖化学键里的能量。多余的糖都储存在植物或其他进行光合作用的生物体内，在某些条件下，成为形成化石燃料的原料。

光合作用的过程可以分为两个步骤，如图 4-10 所示。第一个步骤，又称光反应阶段，指通过一系列光反应过程从太阳中获取能量。

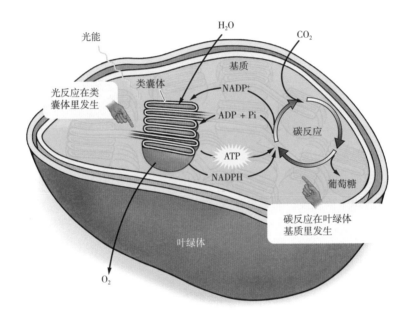

图 4-10　光合作用

注：阳光促使植物叶绿体和其他进行光合作用的生物体里的二氧化碳和水合成葡萄糖和氧气。该反应需要两个步骤：第一个步骤是产生细胞能量（ATP），并从水中获得电子（由 NADPH 携带）；第二个步骤是利用这些产物，将二氧化碳转化为葡萄糖。

光反应是在有阳光时发生的。光激发叶绿体类囊体上叶绿素分子里的电子，这些电子被捕获并沿电子传递链传递，电子传递链产生携带能量的 ATP 分子。然后电子被转移至还原型烟酰胺腺嘌呤二核苷酸磷酸（NADPH）分子。以这种方式从叶绿素中移走的电子被水中的电子取代，该反应的副产物为氧气。

光反应的细节如图 4-11 所示。请注意，产生 ATP 的机制与细胞呼吸过程发生的情况相似。也就是说，电子传递链所捕获的能量帮助质子跨膜，在这种情况下，类囊体内外之间形成了一个梯度。当这些被储存的质子通过酶从类囊体中扩散出来时，就产生了 ATP。

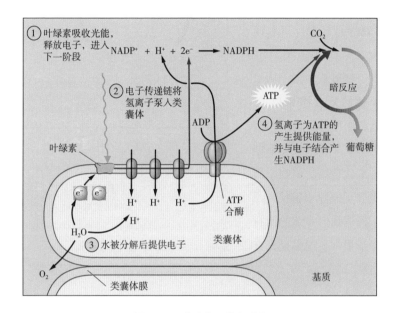

图 4-11 光合作用的光反应

注：（1）阳光照射位于类囊体膜的叶绿素分子，激发电子，然后电子跃迁至更高的能级。（2）电子传递链捕获电子，利用电子的能量将氢离子泵入类囊体膜。（3）水分子被分解。从水分子中移走的电子被用来取代叶绿素中失去的电子，并释放氧气。（4）氢离子从类囊体移出，为 ATP 的产生提供能量，并产生 NADPH。ATP 和 NADPH 分子是在基质里产生的，基质中产生的这些分子将被碳反应中的酶利用。

由光反应产生的 ATP 和 NADPH 中的电子被用于合成葡萄糖，这是光合作用的第二个主要步骤，又称碳反应阶段。这些反应发生在叶绿体的基质中，有时被称为卡尔文循环（见图 4-12）。"循环"这一术语很有启发性，这一系列反应的关键特征之一是初始分子的再生。初始分子是一种被称为核酮糖双磷酸（RuBP）的五碳糖。在碳反应过程中，CO_2 在核酮糖 -1，5- 二磷酸羧化酶（Rubisco）——地球上最丰富的蛋白质的作用下与 RuBP 结合。由此产生的六碳分子立即分解成一对三碳分子。在接下来的几个步骤中，ATP 和 NADPH 的加入最终使得三碳糖甘油醛 3- 磷酸（G3P）产生。因为第一个稳定的产物是三碳化合物，所以这个途径通常被称为 C_3 光合作用。每产生 6 个 G3P 分子，其中就有 5 个被重新利用，从而再生 3 个初始化合物 RuBP 分子。细胞利用循环过程中产生的多余的 G3P，来制造葡萄糖和其他碳水化合物。植物中所有的有机分子都源于碳反应，事实上，构成我们身体的所有有机分子从根本上说都是光合作用的结果。

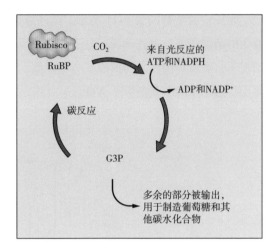

图 4-12 光合作用的碳反应

注：在植物中，CO_2 通过一系列反应合成糖，这些反应可以再生含碳初始产物 RuBP。在碳反应第一个步骤中，将 CO_2 结合在 RuBP 上的酶被称为 Rubisco。G3P 是上述反应产生的三碳糖。多余的 G3P 被输送到其他途径，以产生植物所需的有机分子。

尽管光合作用确实能吸收大气中的 CO_2，但重要的是我们要认识到，在过去一个世纪左右的时间里使用的化石燃料，都是用了一亿多年的时间才形成的。换句话说，现在 CO_2 被释放到大气中的速度比自然光合作用吸收 CO_2 的速度要快很多倍。我们不能仅仅依靠光合作用来消除多余的温室气体，以此来防止全球变暖。气温升高还可能会减缓光合作用，并降低其有效性。

Q4 高温会给全球植物带来哪些破坏？

气温升高导致植物减缓光合作用，并降低吸收 CO_2 的有效性，这听起来像是让全球变暖陷入了一场恶性循环。

最坏的情况是，全球变暖导致温度上升，植被覆盖的土地将变成沙漠，这就造成了某些地区完全没有光合作用。相反，温度升高将使更多被冰雪覆盖的地区冰雪融化，地表暴露出来，这些地区会发生更多的光合作用。不幸的是，在这些曾经冰冻的地区，虽然更多的 CO_2 被吸收，但土壤中碳水化合物的快速腐烂所释放出的 CO_2 与被吸收的 CO_2 的量相近。冰雪的消融也会导致地球表面热量的增加，因为以前被冰雪覆盖的地表能够反射光能，现在冰雪消失，地表颜色变得更暗，能吸收更多光能。

正如我们所看到的，增加的光合作用无法吸收燃烧化石燃料所释放出的过量的 CO_2。事实上，在全球变暖的情况下，光合作用的整体速度甚至可能会下降。接下来，让我们从科学的角度解释其中的原因。

在植物进行光合作用时，CO_2 通过被称为气孔（见图 4-13）的微小开口进入陆生植物的叶子。气孔被两个肾形细胞包围，这两个细胞被称为保卫细胞。当保卫细胞相互挤压时，气孔关闭，从而限制气体进出植物。当保卫细胞改变形状，在它们之间形成空隙时，气孔就会打开，CO_2 和 O_2 就可以进行交换。

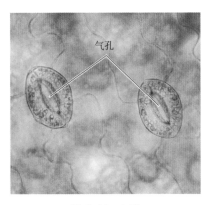

图 4-13　气孔

注：气孔是位于叶子表面的可调节开闭的小孔，植物通过气孔进行气体交换。

气孔也能促使植物吸收土壤中的水分，并通过蒸腾作用促使植物中的水分排出（见图 4-14）。水分通过气孔蒸发产生一种"拉力"，这种拉力沿植物向下传递，最终使植物从土壤中吸取水分。在炎热、干燥的日子里，水分蒸发速度超过土壤提供水分的速度，植物会关闭气孔。然而，关闭气孔也会阻止 CO_2 进入植物。因此人们预计，不断上升的温度会使树叶中的 CO_2 含量受限，光合作用的速度也会下降。如果这个预测正确，那么更高的温度也许会产生负反馈效应，进一步降低植物从大气中吸收 CO_2 的能力。

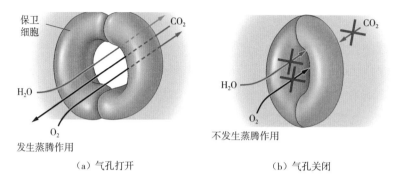

（a）气孔打开　　　　　　　　　　（b）气孔关闭

图 4-14　气体交换和水分流失

注：（a）当气孔打开时，O_2 和 CO_2 能进行交换，但是水分会通过蒸腾作用从植物中流失。

（b）当保卫细胞改变形状关闭气孔时，就不会发生气体交换和蒸腾作用。

气孔关闭不仅会降低光合作用的速率，甚至还会阻碍光合作用。该过程是被称为光呼吸的另一系列反应的结果。在光呼吸过程中的碳反应阶段，第一个步骤，核酮糖 -1，5- 二磷酸羧化酶将 O_2 而不是 CO_2 加入 1，5- 二磷酸核酮糖中。当叶片内的 CO_2 含量较低时，通常只有在气孔关闭时，O_2 才被用于这个反应。该反应产生的化合物被称为乙醇酸，不能用于碳反应。植物必须破坏乙醇酸，因为高浓度的乙醇酸会进一步抑制光合作用，最终导致植物死亡。乙醇酸的分解需要细胞呼吸提供能量，因此，进行光呼吸的植物会释放 CO_2 而不是吸收 CO_2。

在温暖和干燥的环境里，自然选择会偏爱那些在大部分时间里关闭气孔却能最大限度减少光呼吸的植物。减少光呼吸的两种机制被称为 C_4 光合作用和 CAM 光合作用，在这两种光合作用中，将 CO_2 浓缩在植物中（C_4 途径）或在夜间温度较低时捕获 CO_2（CAM 途径）的两种附加途径，在碳反应之前就已经发生了。C_4 光合作用、CAM 光合作用与 C_3 光合作用的比较如表 4-1 所示。

表 4-1 C_3、C_4 和 CAM 三种光合作用

植物类型及举例	主要气孔状态	光合作用特点
C_3 植物：大豆		碳反应将两个三碳糖转化为葡萄糖。当温度高而水量少时，光呼吸很普遍
C_4 植物：玉米		即使在气孔关闭的情况下，酶也会利用 CO_2 产生四碳糖。在四碳糖分解时，它们将 CO_2 分子"泵入"碳反应中。光呼吸很少发生
CAM 植物：玉树		只在夜间打开气孔减缓水分的流失。夜间进入气孔的 CO_2 以有机酸的形式储存在液泡中。在白天，酸的分解会使 CO_2 进入碳反应中，使光呼吸不会发生

随着地球变暖，C_4 植物和 CAM 植物很有可能大量生长，而由于光呼吸负担的增加，C_3 植物的数量会减少。然而，C_4 植物大多是草类，而大多数树木是 C_3 植物。因此草原的光合作用净速率（按每年每英亩[①]从大气中去除的 CO_2 克数计算）比森林低 30% ~ 60%，用草代替树木会大大降低从大气中去除 CO_2 的速率。由于 C_4 植物比 C_3 植物生长得好，在变暖的地球上也许会自然发生树木的消耗。但是由于人类活动，上述情况发生的速度已经超过了自然情况下发生的速度。森林砍伐的目的是伐木、耕种和不断扩大人类定居点。森林砍伐也直接导致了大气中 CO_2 的增加。据目前估计，仅在热带地区，由于森林砍伐和焚烧造成了高达 25% 的 CO_2 排入大气中。显然，减缓全球变暖的一种

---

① 英美制面积单位，1 英亩约等于 0.004 平方千米。

——编者注

有效方法是通过植树造林项目来减少森林砍伐，并促进光合作用。

我们并不能保证增加的光合作用将吸收燃烧化石燃料所释放出的过量的 CO_2。事实上，在全球变暖的情况下，光合作用的整体速度甚至可能会下降。

Q5 面对全球气候变暖，我们能做些什么？

至今，气候变化导致一些地区出现前所未有的干旱，而另一些地区则出现暴雨天气。气候变化将导致对温度有严格要求的动植物的灭绝。气候变化已经造成了传染病和危险害虫的传播和扩散，这些疾病和害虫曾经因温度原因而大多出现于热带地区（见图 4-15）。除了全球气候变化的其他影响，海洋吸收 CO_2 的速度不断加快导致海洋酸化，破坏和杀死了珊瑚礁，使开阔海洋中的藻类以及依靠藻类生存的生物体受到威胁。而人类生存又要依靠这些生物。显然，大气中过量的 CO_2 已经让人类付出了代价。

图 4-15 新出现的疾病传播者
注：某些种类的蚊子比其他种类的蚊子更有可能携带病原体。随着地球变暖，一些昆虫，例如图中所示的埃及伊蚊，开始迁移到它们曾经因为寒冷而不能生存的地区。

那么，人类究竟该做出哪些改变，才能减缓全球气候变暖？或者我们也可以这样提问：时至今日，人类还有机会解决气候变暖问题吗？

在"将 CO_2 排放到大气中"这件事上，美国的人均排放量显著超过了其他国家和地区。美国人口只占世界人口的 4%，而燃烧化石燃料产生的 CO_2 排放量占世界总量的近 25%。美国人均 CO_2 排放量，即所谓的是日本人或德国人的 2 倍，全球人均量的 3 倍，瑞典人的 4 倍，印度人的 20 倍。平均每个美国家庭每年的 CO_2 排放量约为 50 吨。

从大多数国家的情况来看，大部分 CO_2 排放来自工业，其次是交通运输，然后是商业、住宅和农业排放。我们所有人都可以通过减少住宅和交通运输的 CO_2 排放，来减少因个人原因所造成的全球变暖的影响。大多数住宅排放的 CO_2 来自家庭供暖和制冷以及为电器供电的能源。交通运输排放的 CO_2 受我们所选择的交通工具、汽车的燃油经济性和行驶距离的影响。表 4-2 描述了减少温室气体排放的许多方法，同时说明了每项人类活动每年可以减少的 CO_2 千克数。与现存问题的严重程度相比，这些减少的 CO_2 量看似微不足道，但当这些人均值乘以美国 3.2 亿以上的人口数时，减少的 CO_2 排放量就会变得非常可观。

表 4-2 如何减少你的温室气体排放量

人类行为		每年减少排放的 CO_2 量
驾驶节能汽车。运动型多功能汽车（SUV）平均每行驶 16 英里（约 25.75 千米）耗油 1 加仑（约 3.785 升），而小型汽车平均每行驶 25 英里（约 40.23 千米）耗油 1 加仑（约 3.785 升）。一辆全电动汽车的能耗等同于每加仑（约 3.785 升）汽油行驶 100 英里（约 160.9 千米）		5 900 千克
改用可再生能源，比如太阳能，来满足家庭用电需求		1 610 千克

人类行为	每年减少排放的 CO_2 量
每周有 2 天与他人拼车	720 千克
回收玻璃瓶、铝罐、塑料、报纸和纸板	385 千克
每周步行 10 英里(约 16.09 千米)代替开车	270 千克
使用节能电器	每个电器减排 180 千克
购买包装可重复使用或可回收的食品和其他产品,或减少物品包装,以节省制造新容器所需的能源	100 千克
使用手推式割草机而不是电动割草机	35 千克
在你房屋周围种植遮阴树木,以减少能源消耗,并通过植物光合作用吸收 CO_2	23 千克

注:表中关于"每年减少排放的 CO_2 量"的数据仅供参考。

对于任何个人来说，要想对工业、商业和农业部门产生影响都是非常困难的。相反，那些致力于减排的政策制定者则可以推动上述这些领域发生变化。要想实现这些改变，需要我们的领导人和其他所有人都明白，尽管全球变暖的影响及其解决方案仍有待商榷，但全球变暖正以前所未有的速度发生，这一事实是真实存在且不容商榷的。

要点回顾
BIOLOGY : SCIENCE FOR LIFE >>> ─────

- 煤炭、石油和天然气的燃烧增加了大气中 CO_2 和甲烷等温室气体的含量。这导致了温室效应,而温室效应正改变着地球气候。

- 尽管地球经历过高浓度 CO_2 的时期,但如今大气中 CO_2 的浓度比人类历史上任何时期都高,甚至比过去 40 万年间的任何时期都高。

- 现在 CO_2 被释放到大气中的速度比自然光合作用吸收 CO_2 的速度要快很多倍。我们不能仅仅依靠光合作用来防止全球变暖。

- 在炎热、干燥的日子里,植物会关闭气孔。气孔关闭不仅会降低光合作用的速率,甚至还会阻碍光合作用。

- 人类可以通过提高能源使用效率和减少总体能源的使用量来减少 CO_2 的排放。

BIOLOGY
SCIENCE FOR LIFE

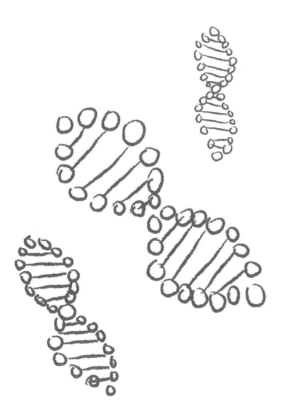

第二部分

遗　传

BIOLOGY
SCIENCE FOR LIFE

05

癌症为什么如此可怕？

妙趣横生的生物学课堂

- 人为什么会患上癌症？

- 癌细胞为什么会扩散？

- 年龄越大，患癌风险就会越高？

- 如何预防、检测和治疗癌症？

癌症是一种在生命的某个阶段困扰大多数人的疾病。在那些年龄大于或等于平均寿命的人当中，有超过 1/3 的人会被诊断出患有癌症，而那些幸免于癌症的人可能也会因亲人被诊断患有癌症而备受煎熬。

在人的一生中，某些类型的癌症是后天患上的，而另外一些类型的癌症则是先天遗传的。好莱坞明星休·杰克曼年轻时因日晒而患上了多发性皮肤癌，后来通过手术将其切除。杰克曼非常感谢电影《X 战警》拍摄现场的化妆师，正是这位化妆师在最初发现了杰克曼鼻子上的皮肤癌[1]。

同样，知名女演员、人道主义者安吉丽娜·朱莉一直在与遗传性乳腺癌及卵巢癌做斗争。尽管她的身体还没有出现症状，但她还是通过手术切除了乳腺和卵巢。

因为杰克曼所患的皮肤癌主要是由于过度照射紫外线所致，所以他的孩子们患皮肤癌的风险并不会增加，除非他们也在没有对皮肤进行保护的情况下长时间晒太阳。而朱莉的亲生子女患乳腺癌的风险较高，因为她也许已经将这种

---

[1] 也有报道称是杰克曼的妻子发现了他鼻子上的异常斑点。

——编者注

基因遗传给了他们。

更好地了解癌症可以帮助我们保护自己，又能为我们所爱的人提供支持。生活方式的改变可以预防癌症、延迟发病或减缓多种癌症的恶化。当被确诊患有癌症时，了解各种治疗方法的不同生物机制可以帮助我们为自己做出科学的医疗决定，也能够帮助我们在所爱的人接受治疗时为他们提供相应的支持。

Q1　人为什么会患上癌症？

癌症对任何人而言，都是唯恐避之不及的。可是偶尔我们会看到，一个身体看上去很好的年轻人，平日里生活规律，注重锻炼，却突然被诊断患上了癌症。相反，有的人身上有很多不良嗜好，落下一身的病，却没有得癌症。

那么，到底都有哪些因素影响着人们的患癌概率呢？

癌症的风险因素

风险因素指增加患病可能性的状况或行为。这些风险因素可能受到遗传或环境暴露的影响。

遗传的癌症风险。安吉丽娜·朱莉携带了突变的 *BRCA1* 基因，也称乳腺癌 1 号基因，这是一种乳腺癌易感基因，使她比其他女性更易患乳腺癌。朱莉的外祖母和母亲都因乳腺癌去世，在朱莉得知自己患乳腺癌的风险高达 87% 后，她决定接受双侧乳腺切除术。她所携带的突变基因也增加了她患卵巢癌的风险。为了进一步降低患癌症的风险，朱莉也切除了自己的卵巢和输卵管。那么，朱莉是如何知道自己存在患癌风险的？因为朱莉的几个家庭成员都被诊断出患有乳腺癌和卵巢癌，所以她接受了是否存在这种突变基因的检测。因为只有约 1% 的人携带这种特殊的基因突变，所以除非有直系亲属被诊断出患有与该基因突变相关的癌症，否则人们通常不会进行这种检测。

环境暴露。接触特定物质，即致癌物质，与特定癌症的形成有关。众所周知，吸烟会增加人们患癌症的风险。但大家不太了解的是，吸烟加上过度饮酒所造成的癌症风险高于人们的预期。这是因为一些致癌物质增强了其他致癌物质的活性。当这种情况出现时，所涉及的物质以协同的方式起作用。吸烟和饮酒是常见的两种不良行为，这两者的综合作用对于癌症风险的影响远远大于单个风险因素所产生影响的简单叠加（见图 5-1）。

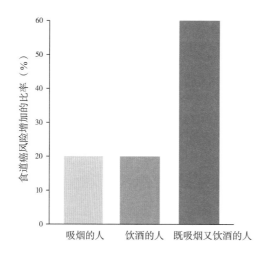

图 5-1　吸烟和饮酒的致癌影响会起协同作用

注：该图是根据发表在同行评议期刊《美国胃肠病学杂志》（*Journal of American Gastroenterology*）上的一项研究中的数据绘制的。该研究显示，有一种食管癌发生在既吸烟又饮酒的人身上的概率比预期的要高。食管是连接咽喉和胃的管状器官。

皮肤癌是最常见的癌症之一，暴露在来自太阳和日光浴床的紫外线下都会增加患上皮肤癌的风险。使用防晒霜，避免被晒伤，永远不要使用日光浴床可以帮助人们预防皮肤癌。休·杰克曼成长于 20 世纪 70 年代，当时使用防晒霜的人远没有今天这么多，并且他出生并生活在澳大利亚，那里常年阳光明媚。毫无疑问，这增加了他患皮肤癌的风险。杰克曼的肤色浅，而较黑的皮肤可以降低人们患皮肤癌的风险，因为它含有更多的吸光的黑色素。黑色素的增加是人类生活在高紫外线照射的地理范围内的一种进化适应。但是，这并不意味着我们中肤色较深的人可以不使用防晒霜。所有人都可能患皮肤癌，只是有些人比其他人患病风险更高。

尽管紫外线照射会增加人们患皮肤癌的风险，但有一些风险因素看似普通，却能增加几乎所有类型癌症的风险。这些风险因素包括吸烟、过量饮酒、高脂肪低纤维饮食、缺乏运动和肥胖（见表 5-1）。

表 5-1　如何降低患癌风险

降低风险的行为	降低风险的特定信息	降低风险的生物学机制
不吸烟	无论是抽香烟、雪茄、烟斗，还是咀嚼烟草，使用任何一种类型的烟草制品都会增加你患上多种癌症的风险。电子烟只含有尼古丁，但也可能有其自身的风险，虽然迄今为止所开展的各种研究还没有对此达成共识	烟草和香烟烟雾含有 20 多种已知的致癌物质。研究表明，烟草和香烟烟雾中的化学物质会促使细胞分裂，破坏 DNA，抑制细胞修复受损 DNA 的能力，并在细胞应该死亡时阻止它们死亡
限制饮酒	想要降低癌症风险的男性每天饮酒不应该超过 2 杯，而女性则为 1 杯或者不喝	当有害化学物质溶解在酒精里时，它们能够穿过细胞膜并破坏 DNA
低脂高纤维饮食	每天至少吃 300g 蔬菜，200～350g 水果，50～150g 全谷物食物及适量的豆制品	植物性食品脂肪含量低，纤维含量高。它们还富含抗氧化剂，有助于防止 DNA 损伤
定期锻炼	每周至少锻炼 5 天，每天 30 分钟	锻炼可以使免疫系统有效地运作，使其能够识别并消灭癌细胞
保持适当的体重	避免成为肥胖人士。如果你肥胖，请向医生咨询减肥计划	因为脂肪组织可以储存激素，丰富的脂肪组织被认为会增加患上激素敏感性癌症的风险，比如乳腺癌、子宫癌、卵巢癌和前列腺癌

限制这些风险因素有助于防止癌症在人体内发展，并在细胞分裂时防止细胞过度增殖。

Q2　癌细胞为什么会扩散？

癌细胞扩散是癌症的一种特质，大部分（大约 90%）与癌症有关的死亡都是由原发肿瘤细胞转移到远离初始位置的部位导致的。癌细胞究竟是如何像幽灵一般，在病人的身体里扩散、转移的呢?

肿瘤可能发生癌变

有丝分裂是一种细胞分裂，当一个母细胞分裂并形成两个子细胞时，就会发生有丝分裂。这一过程通常是受控制的，只有身体需要更多细胞时，细胞才会分裂。当控制失效，细胞在不应该自我复制时却进行自我复制，癌症就会发生。

不受控制的细胞分裂导致细胞堆积，形成肿块或肿瘤。肿瘤是一团在体内没有明显功能的实体细胞。相反，囊肿是一个充满液体的肿块，也没有明显的功能，但不会发生癌变。良性肿瘤是停留在身体里的某一部位、不影响周围结构的肿瘤。一些良性肿瘤会保持无害状态，其他肿瘤则会发生癌变。侵袭性肿瘤或渗透到周围组织中的肿瘤是恶性肿瘤。当恶性肿瘤细胞从肿瘤上脱离、扩散到身体较远的部位并形成新肿瘤时，就叫作转移（见图 5-2）。

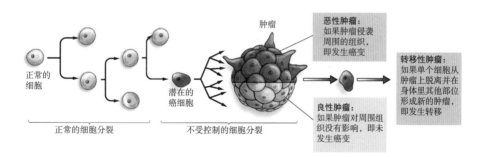

图 5-2　癌细胞的产生

注：肿瘤是一团没有功能的细胞。肿瘤也许会保持良性，也许会侵袭周围的组织而恶化。肿瘤细胞可能会移动或转移到身体的其他部位。恶性肿瘤和转移性肿瘤属于癌症。

癌细胞几乎可以通过循环系统移动到身体的任何部位。淋巴系统负责收集来自血管的液体，这又被称为淋巴液，淋巴液随后会被送回血管，该过程也会让癌细胞进入血流。淋巴结这一结构负责过滤从血管中流出的液体。当癌症患者接受手术时，外科医生通常会切除一些淋巴结，用来分析体内是否存在癌细胞。淋巴结中癌细胞的存在表明，一些细胞已经从原来的肿瘤上脱离，可能存在于身体的其他部位。与扩散前被发现的癌症相比，转移癌更难治疗。

细胞进化到具有分裂能力的原因有很多，与癌症无关。细胞分裂可以产生新细胞取代受损的细胞，使生物体得以生长（见图 5-3），并且在某些情况下使生物体能够进行繁殖。

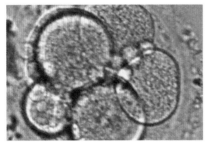 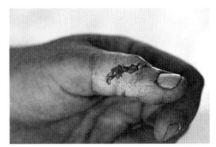

（a）显微镜下的细胞　　　　　　　　　　　　　　（b）伤口

图 5-3　细胞为什么分裂

注：细胞分裂可以产生更多的细胞。（a）细胞分裂使生物体得以生长。每个人的生命都是从一个受精卵开始的。受精卵经历了数百万轮的细胞分裂，产生了构成我们身体组织和器官的所有细胞。（b）细胞分裂也能愈合伤口。随着伤口愈合，新的细胞将取代伤口的受损细胞。

一些生物体通过精确复制自身来实现繁殖，这种类型的繁殖被称为无性生殖，其结果是它们产生的后代在基因上与原始的母细胞完全相同。细菌和变形虫等单细胞生物就是以这种方式繁殖的（见图 5-4a）。一些多细胞生物体也能进行无性生殖。例如，将一些植物的茎、叶或根剪下后插入土中，它们就可以生长。这种剪切插枝的生殖方式也是无性生殖的一种形式（见图 5-4b）。一些生物体的繁殖需要来自两个亲代细胞的遗传信息，这种生殖方式被称为有性生殖。在受精过程中，人类的精子和卵细胞各自提供了遗传信息，所以人类进行的是有性生殖。

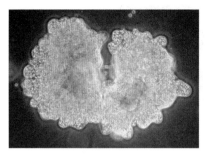 

(a) 变形虫 　　　　　　　　　　　　　(b) 常春藤

图 5-4　无性生殖的生物

注：（a）单细胞变形虫复制其 DNA 进行分裂，并产生与亲代变形虫在基因上相同的后代。
（b）像常春藤这样的多细胞生物，可以通过剪切插枝的方式进行无性生殖。

基因与染色体

无论是有性生殖还是无性生殖，所有进行分裂的细胞必须首先复制其遗传物质，即 DNA。DNA 携带的指令被称为基因，用来构建细胞所需的所有蛋白质。细胞核中的 DNA 围绕在蛋白质周围，产生一种叫作染色体的结构。

在细胞分裂前，染色体未凝集且呈线状（见图 5–5a）。当细胞分裂时，每条染色体中的 DNA 凝集形成更紧凑的线形结构，这种结构在细胞分裂时更容易分离。与未凝集的线形结构相比，凝集的染色体不太可能缠结或断裂。

每条染色体携带数百个基因。当一条染色体被复制时，就会产生一个携带相同基因的副本。已复制的染色体与其复制体被称为姐妹染色单体，在其中间区域彼此连接，该位置被称为着丝粒（见图 5–5b）。因为着丝粒并不总是精确地位于染色体的中心，所以它能把染色体细分为一条长臂和一条短臂。科学家已经将 *BRCA1* 基因定位在 17 号染色体的长臂上（见图 5–6）。

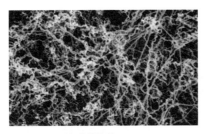
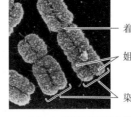

（a）未凝集的DNA　　　　　　（b）DNA凝集成的染色体

着丝粒

姐妹染色单体

染色体

图 5-5　DNA 在细胞分裂过程中凝集

注：（a）在细胞分裂前，DNA 已被复制但未凝集。（b）在细胞分裂过程中，每个复制的 DNA 都整齐地围绕在许多小的蛋白质周围，形成凝集的染色体结构。DNA 复制后会产生两个相同的姐妹染色单体，并在着丝粒处彼此连接。

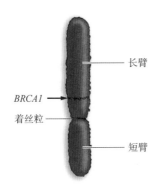

长臂

BRCA1

着丝粒

短臂

图 5-6　BRCA1 基因位点

注：BRCA1 基因位于 17 号染色体的长臂上。

DNA 复制

在细胞分裂之前的 DNA 复制过程中，双链 DNA 分子被复制。这一过程首先是 DNA 分子在螺旋中间一分为二。新的核苷酸被添加到最初的亲代分子的两侧，保持 A（腺嘌呤）与 T（胸腺嘧啶）和 G（鸟嘌呤）与 C（胞嘧啶）的碱基配对方式。这一过程产生了两个子代 DNA 分子，每个子代 DNA 分子由一条亲代核苷酸链和一条新合成的链组成（见图 5-7a）。因为每个新的 DNA 分子由一半保留下来的亲代 DNA 和一半新合成的子代 DNA 组成，所以这种 DNA 复制的方式被称为半保留复制。

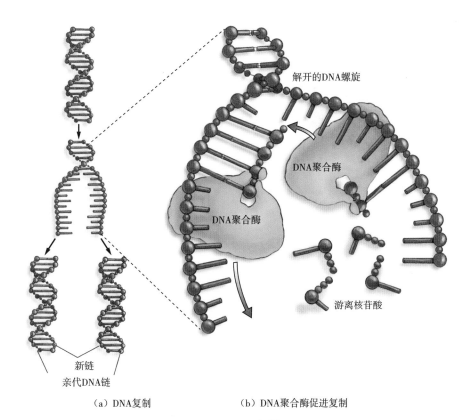

（a）DNA复制　　　　　　　（b）DNA聚合酶促进复制

图5-7　DNA复制

注：（a）DNA复制的结果是由一个亲代DNA分子产生两个相同的子代DNA分子。每个子代DNA分子一半为亲代DNA，一半为新合成的DNA。（b）DNA聚合酶沿着解开的螺旋移动，将新形成的子代DNA链上的相邻核苷酸连接在一起。游离核苷酸有三个磷酸基团，其中两个磷酸基团在核苷酸被加入正在形成的链中之前分裂，为该反应提供能量。

DNA复制需要酶的帮助，特别是需要DNA聚合酶的帮助。DNA聚合酶沿着解旋的亲代DNA链移动，以促进新DNA链的合成（见图5-7b）。当漂浮在原子核中的游离核苷酸彼此吸引时，即A与T相互吸引、G与C相互吸引，这些互补的核苷酸沿螺旋彼此横向配对，然后DNA聚合酶沿螺旋纵向催化相邻核苷酸之间共价键的形成。当一条完整的染色体被复制后，新合成的姐妹染色单体彼此完全相同，并在着丝粒处相互连接（见图5-8）。

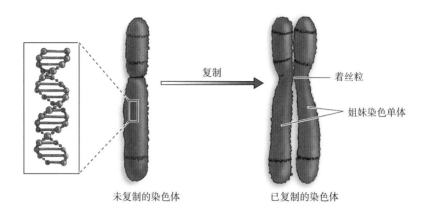

着丝粒

姐妹染色单体

复制

未复制的染色体   已复制的染色体

图 5-8　未复制的和已复制的染色体

注：未复制的染色体含一个双链 DNA 分子。已复制的染色体是 X 形的，含两个相同的双链 DNA 分子，它们被称为姐妹染色单体。已复制的染色体的每个 DNA 分子都是原始染色体的副本。

DNA 聚合酶在促进碱基配对时可能会出错。例如，虽然 A 和 G 的配对并不常见，但这种错误能改变基因的序列。基因的 DNA 发生变化被称为突变。正常情况下，*BRCA1* 基因进行复制能够产生精确的基因副本。如果基因复制过程中出现错误，就会产生基因突变，安吉丽娜·朱莉所携带的基因就属于这种情况。同样，紫外线也能通过直接干扰 DNA 的复制而引起基因突变。

Q3 年龄越大，患癌风险就会越高？

任何经历细胞有丝分裂的组织都可能产生肿瘤。皮肤细胞不断分裂，以替换损坏的细胞，替换我们每个人每天脱落的数百万个细胞。当死亡的和损坏的细胞需要被新细胞取代时，就会发生有丝分裂和突变。

你可以看到，细胞分裂经过数代后，突变的可能性也在增加。你活得越久，你的细胞所经历的有丝分裂次数就越多。很可能是由于休·杰克曼的 DNA 经历了多年累积的损伤，所以他在 40 多岁时患上了皮肤癌。不幸的是，他的医生已经证实，随着年龄的增长，他患皮肤癌的概率会更高，所以他每隔几个月就要去医院皮肤科进行身体检查。

接下来，我们来具体讲一讲什么是细胞周期和有丝分裂。

细胞周期

当一个细胞的染色体和 DNA 被复制后，该细胞就能进行细胞分裂并产生子细胞。有丝分裂是细胞分裂的一种形式，它是一种无性分裂，所产生的两个子细胞与原始的母细胞相同，且它们彼此也相同。有丝分裂发生在体细胞中。体细胞包括任何不产生生殖细胞的细胞类型。例如，组成植物叶子和茎的细胞即体细胞，且进行有丝分裂。植物的生殖器官会产生花粉和卵细胞，这些是非体细胞，被称为生殖细胞。

进行有丝分裂的细胞，其细胞周期包括三个阶段：（1）间期，即 DNA 进行复制的阶段；（2）有丝分裂，即已复制的染色体分离并移入子细胞；（3）胞质分裂，即母细胞的细胞质分裂（见图 5-9a）。此外，间期和有丝分裂过程还能被进一步细分。

间期

正常细胞大部分时间处于间期（见图 5-9b）。在细胞周期的这一阶段，细胞执行其典型的功能，并产生细胞完成特定功能时所需的蛋白质。例如，在间期，肌肉细胞产生肌肉收缩所需的蛋白质。不同类型的细胞，其间期持续的时间不同。经常分裂的细胞，例如皮肤细胞，相比于不常分裂的细胞，例如一些神经细胞，其间期持续的时间更短。一个将要分裂的细胞会在间期开始为分裂做准备。间期可分为三个阶段：G_1 期、S 期和 G_2 期。

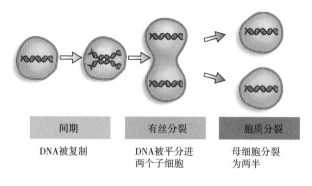

（a）DNA复制与分离

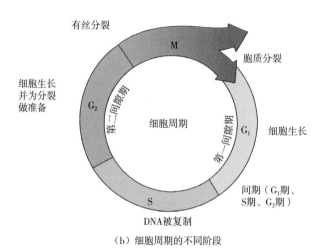

（b）细胞周期的不同阶段

图 5-9　细胞周期

注：（a）DNA 在间期被复制。在有丝分裂过程中，DNA 副本被分离到不同的细胞核中，胞质分裂使细胞质分裂，产生两个子细胞。（b）间期包括细胞生长和为细胞分裂做准备的两个阶段，即 G_1 期和 G_2 期，以及 DNA 复制的一个阶段，即 S 期。在 M 期，即有丝分裂期，染色体分离，形成两个子细胞。

　　G_1 期又称第一间隙期或生长期，大多数的细胞器在此阶段复制。因此，细胞在这个阶段会逐渐变大。S 期又叫合成期，构成染色体的 DNA 在此阶段进行复制。细胞周期的 G_2 期又称第二间隙期，细胞在此阶段继续生长，并为有丝分裂期间发生的染色体分离做准备。

有丝分裂

在有丝分裂期间，染色体从原始的母细胞移至两个子细胞。无论是动物细胞还是植物细胞发生有丝分裂，分裂的结果和下一阶段——胞质分裂都是相同的：产生基因相同的子细胞。为了实现这一结果，已复制染色体的姐妹染色单体被分开，每个染色体的一个副本进入各自新形成的细胞里。有丝分裂分为四个阶段：前期、中期、后期和末期。图 5-10 总结了动物细胞的细胞周期。动物细胞有丝分裂的四个阶段与植物细胞的几乎相同。

在前期，已经复制的染色体凝集，使得它们能够在细胞内移动而不缠结。被称为微管的蛋白质结构也在前期形成和生长，最终从分裂细胞的两端或两极向外分散开。微管的生长有助于细胞的扩张。附着在微管上的运动蛋白也有助于在细胞分裂时向周围拉动染色体。包围细胞核的膜被称为核膜，核膜破裂从而使微管接触到已复制的染色体。在每个正在分裂的动物细胞的两极，被称为中心粒的结构固定在每个正形成的微管的一端。植物细胞中没有中心粒，但是这些细胞中的微管仍固定在细胞两极的位置。

在中期，已复制的染色体排列在每个细胞的中间或者"赤道"位置。为了实现这一点，通过着丝粒附着在每条染色体上的微管会伸长和收缩，推拉染色体，直到染色体在细胞中间排成一列。

在后期，着丝粒分裂，微管缩短，把染色体的每个姐妹染色单体拉到细胞的相反两极。

在有丝分裂的最后阶段，即末期，核膜在新的子细胞核周围重新形成。

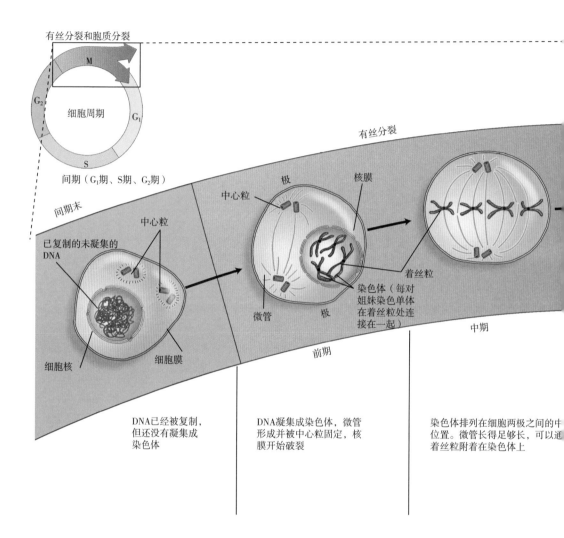

有丝分裂和胞质分裂

M

细胞周期

G₁

G₂

S

间期（G₁期、S期、G₂期）

有丝分裂

间期末

中心粒

核膜

极

中心粒

已复制的未凝集的DNA

染色体（每对姐妹染色单体在着丝粒处连接在一起）

着丝粒

中期

微管

极

前期

细胞核

细胞膜

DNA已经被复制，但还没有凝集成染色体

DNA凝集成染色体，微管形成并被中心粒固定，核膜开始破裂

染色体排列在细胞两极之间的中位置。微管长得足够长，可以通过着丝粒附着在染色体上

图 5-10　动物细胞的分裂

注：该图说明了细胞分裂如何从间期开始，经过有丝分裂和胞质分裂再回到间期。

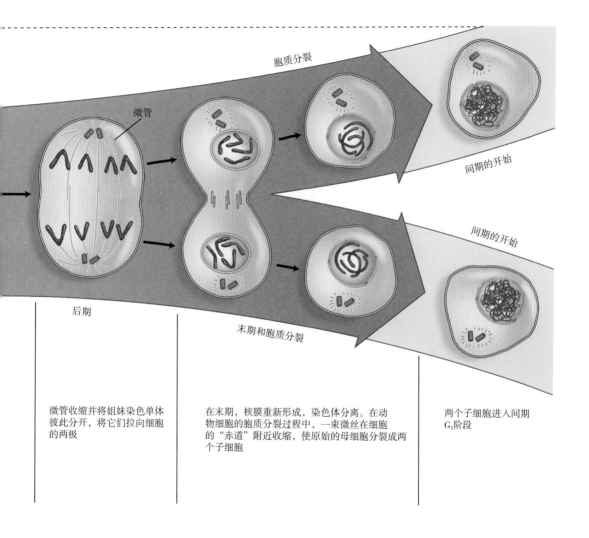

胞质分裂

微管

间期的开始

后期

间期的开始

末期和胞质分裂

微管收缩并将姐妹染色单体彼此分开，将它们拉向细胞的两极

在末期，核膜重新形成，染色体分离。在动物细胞的胞质分裂过程中，一束微丝在细胞的"赤道"附近收缩，使原始的母细胞分裂成两个子细胞

两个子细胞进入间期 G_1 阶段

胞质分裂

胞质分裂是在细胞有丝分裂末期发生的细胞质的分裂。在动物细胞的胞质分裂过程中，有一条蛋白质带在"赤道"部位环绕细胞并使细胞质分裂。这条蛋白质带收缩，把两个细胞核和周围的细胞质分开，使原始的母细胞分裂成两个子细胞。植物细胞的胞质分裂过程中会形成一个新的细胞壁，这是一个包围植物细胞的不易形变的结构。图 5-11 显示了动物细胞和植物细胞的胞质分裂的区别。在植物细胞有丝分裂的末期，膜包裹的囊泡将构建细胞壁所需的物质运送到细胞中心。这些物质包括纤维素以及一些蛋白质。包裹囊泡的膜聚集在细胞中心，形成一种被称为细胞板的结构。细胞板和形成的细胞壁沿细胞横向生长，并形成一个屏障，最终使有丝分裂的产物分离成两个子细胞。胞质分裂后，细胞重新进入间期，如果条件合适，细胞可以再次分裂。

微丝带

细胞板

（a）动物细胞的胞质分裂　　（b）植物细胞的胞质分裂

图 5-11　动物细胞和植物细胞的胞质
分裂比较

注：（a）动物细胞会产生一条蛋白质微丝带，它像皮带一样收紧，把细胞夹成两半。（b）植物细胞会在母细胞中间形成细胞板，从而形成细胞壁。

Q4　如何预防、检测和治疗癌症？

综上所述，保持细胞分裂时的控制系统正常运行，就可以阻止肿瘤的形成。即使某个细胞没有被控制住而逃离，并形成了肿瘤，也会有相应的机制来阻止肿瘤继续分裂，从而有助于扼制癌症的最初发展。那么，如何实现这种预防呢？

肿瘤抑制因子有助于预防癌症

在细胞分裂发生之前，蛋白质会不断检查细胞，以确保细胞分裂是必需的，且细胞没有受到任何损伤。如果细胞分裂不是必需的，或者细胞受损了，细胞分裂的进程将在细胞检查点停止（见图5-12）。在 G_1 期检查点，特定蛋白质会检查以确定细胞是否已经生长到能够再分裂成两个子细胞的程度。在 S 期复制完成后，G_2 期检查点会评估其复制成功与否。在 M 期后期，第三个检查点中特定蛋白质会再次检查每条染色体是否以正确的复制构型附着在微管上。

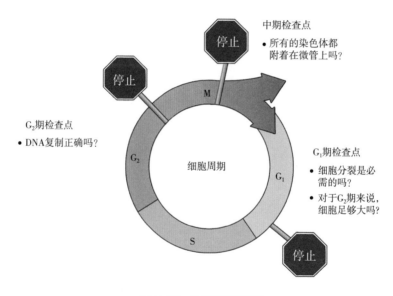

中期检查点
• 所有的染色体都附着在微管上吗？

G_2 期检查点
• DNA复制正确吗？

G_1 期检查点
• 细胞分裂是必需的吗？
• 对于 G_2 期来说，细胞足够大吗？

图 5-12 细胞周期的调控

注：G_1 期、G_2 期和中期的检查点决定了是否允许细胞继续分裂。

一种细胞分裂调节蛋白被称为肿瘤抑制因子。肿瘤抑制因子蛋白负责检查新复制的 DNA。如果 DNA 受到任何损伤，例如存在错误的 G–T 碱基配对，细胞就不会继续分裂的过程（见图5–13）。我们的身体里都有许多肿瘤抑制基因和其他细胞周期调节基因，如果这些基因发生突变，就可能产生肿瘤。

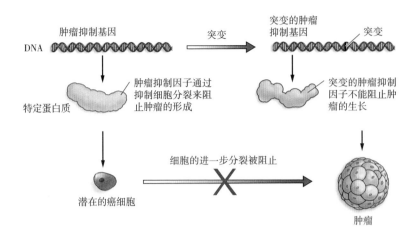

图 5-13　肿瘤抑制基因的突变

注：肿瘤抑制基因的突变会增加癌症发病的可能性。

正常的 *BRCA1* 基因编码一种发挥肿瘤抑制因子作用的蛋白质，而安吉丽娜·朱莉所遗传的突变的 *BRCA1* 基因则无法实现这一功能（见图 5-14）。因此，具有这种突变基因的细胞，尤其是构成乳腺和卵巢组织的细胞，分裂的次数可能超过预期水平。如果发生这种情况，就会形成肿瘤。因为朱莉遗传了这种突变基因，并且她很可能患上乳腺癌和卵巢癌，为了防止她的这些器官形成肿瘤，医生对她的乳腺和卵巢进行了切除。

大多数人几乎不会因遗传而拥有突变的细胞周期控制基因。这些基因突变反而会发生在暴露于吸烟、缺乏锻炼和拥有不良饮食习惯等外在风险因素的人身上。一些病毒也能导致癌症。人乳头瘤病毒（HPV）进入细胞并改变细胞周期控制基因，导致个体患上宫颈癌、阴道癌、阴茎癌、肛门癌和口腔癌的可能性增加。

紫外线也会造成 DNA 突变。当突变影响一种被称为 *p53* 的肿瘤抑制基因时，就易导致皮肤癌。暴露在阳光下的时间越长，细胞里 DNA 发生突变的可能性就越大。避免过度暴露在阳光下并涂抹防晒霜，可以防止紫外线辐射 DNA，从而防止突变的发生。

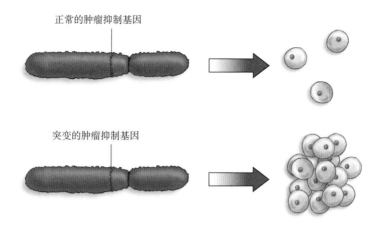

正常的肿瘤抑制基因

突变的肿瘤抑制基因

图 5-14 肿瘤抑制基因突变的影响

注：正常的肿瘤抑制基因使得细胞分裂受到控制，突变的肿瘤抑制基因无法完成这一任务，在这种情况下，细胞分裂是无法控制的。这些突变可以由先天遗传而来，就像安吉丽娜·朱莉的情况一样；也可以在后天获得，就像休·杰克曼的情况一样。

癌症检测

如果病人在患癌早期被确诊，就可以阻止癌症的发展，病人的生存概率就会增大。注意警告信号（见图 5-15）有助于人们意识到癌症的发生。

提 示

如果出现癌症的警告信号，请去看医生

● 排便或排尿习惯发生改变

● 无法治愈的疼痛

● 出血或分泌物异常

● 组织出现增厚或肿块

● 消化不良或吞咽困难

● 疣或痣有明显变化

● 持续咳嗽或声音嘶哑

图 5-15 癌症的警告信号

注：癌症的自我检查可以挽救你的生命。如果你的身体出现上述一个或多个警告信号，请去看医生。

所有人都应该留意皮肤上出现的痣、疣、雀斑、斑痕和斑点，如果有任何相关的皮肤问题以及随时间流逝而发生的任何变化，都要去看医生进行咨询。观察皮肤是否发生变化的一种方法是每隔几个月拍一张痣或斑痕的照片，或者用尺子测量其大小，如有任何变化及时向医生报告。

一旦发现异常，医生可能会实施活体组织检查，即活检——通过手术切取部分组织，并在显微镜下进行观察。在一次类似的活检后，杰克曼上传了一张自己的检查结果照片，并附有文字说"边缘清晰"。这意味着，他的医生用显微镜检查他的肿瘤后，确定肿瘤没有侵犯其他组织，因此肿瘤不是恶性的。因为朱莉和杰克曼在肿瘤恶化之前已通过手术切除了癌前病变或癌变组织，所以到目前为止，他们两人都没有接受过额外的癌症治疗。

癌症治疗

如果癌症难以通过手术切除或者癌症已经扩散，医生通常会采用化疗（化学治疗）的方法治疗癌症。在化疗过程中，能够选择性杀死分裂细胞的化学试剂会被注射到患者的血液中。因为癌症是由突变引发的疾病，一些癌细胞携带的突变会使它们对各种化疗药物产生耐药性。因此，用针对不同细胞周期的化疗药物联合治疗癌症，可以提升消灭肿瘤中所有癌细胞的概率。例如，一些化疗药物可以阻止染色体在细胞分裂时被拉到细胞的"赤道"位置，还有一些药物则可以阻止 DNA 的合成。

不幸的是，快速分裂的正常细胞也会受到化疗的影响。毛囊、产生红细胞和白细胞的细胞，以及肠胃细胞就经常受到破坏。因此，化疗通常会导致暂时性脱发、贫血（由于红细胞数量减少而引起的头晕和疲劳等症状），以及对感染的抵抗能力降低。此外，对胃肠细胞的损害会导致患者恶心、呕吐和腹泻。

在手术切除肿瘤后，一些肿瘤细胞总是有可能没有被切除干净而留在体内。放疗（放射治疗），是使用高能粒子瞄准肿瘤的位置进行照射，以杀死任何可能残留的癌细胞。这种疗法通常只在癌症位于身体表面附近时使用，因为射线很难聚焦在内脏器官上，而且辐射造成的组织损伤可能相当严重。对于无法进行手术切除肿瘤的情况，可以使用放疗的方法进行治疗。

目前，一种被称为免疫疗法的新的癌症治疗方法很有前景，它主要利用免疫系统的能力有选择地摧毁癌细胞。癌细胞的细胞膜含有高浓度的独特蛋白质，这些蛋白质被称为标记物。科学家可以在实验室里制造出一些物质，这些物质通过靶向识别那些癌细胞标记物来寻找并摧毁癌细胞。不携带这些标记蛋白的健康细胞则会存活下来。免疫疗法对健康细胞的破坏较少，因此它对癌症患者的健康造成的损害比化疗和放疗要小。

免疫疗法不仅适用于治疗已有的癌症，在某些情况下，它还可以用于预防癌症的发生。使用一些同样借助免疫系统力量的疫苗就属于这种疗法。癌症疫苗可以使人的免疫系统在接触致癌病毒（例如 HPV）时，做出快速而有力的反应。

要点回顾

- 不受控的细胞分裂会形成肿瘤,而肿瘤有可能扩散并发展成癌症。

- 癌细胞几乎可以通过循环系统在身体的各个部位移动。与扩散前被发现的癌症相比,转移性癌症更难治疗。

- 任何经历细胞有丝分裂的组织都可能产生肿瘤。你活得越久,你的细胞所经历的有丝分裂次数就越多。

- 肿瘤抑制基因是一种正常的基因,它可以编码蛋白质——肿瘤抑制因子,使潜在的癌细胞停止分裂,并修复 DNA 损伤。

BIOLOGY
SCIENCE FOR LIFE

06

如何做到优生优育?

妙趣横生的生物学课堂

· 我们的基因是如何从父母那里遗传来的?

· 人类的最佳生育年龄是几岁?

· 如何科学备孕,提高怀孕的概率?

　　大多数计划生小孩的夫妻都以为，当时间合适的时候，他们就可以做到这一点。但现实却并不总是遂人愿。事实上，尽管很多夫妻在长达一年的时间里每周会有数次未采取避孕措施的性生活，但每 8 对夫妻中仍有 1 对难以妊娠。这些夫妻正经历着不孕不育，其中有些可能需要医学专家的帮助才能生育，有些则永远无法生育。

　　很多不孕不育的夫妻认为，问题的根源是女方的生殖系统出现了问题。但事实是，男性和女性都有可能存在造成不孕不育的问题。有大约 1/3 的夫妻的生育困难是由男性伴侣的问题造成的，有 1/3 的不孕病症是由女性伴侣的问题引起的。其余的问题则是由夫妻双方共同存在的问题，或是现代医学尚无法解释的现象所致。

　　一对夫妻要想正常生育，必须能够产出合适数量的健康精子和卵细胞，并在合适的时机使其结合在一起。尽管从理论上看这似乎很简单，但人的基因、年龄、激素、接触的环境、健康状况和生活方式都会影响自身的生育能力，甚至这些问题在其出生之前就可能存在。与所有器官一样，当胎儿在母亲子宫里时，生殖器官就已经开始发育了，因此母亲在怀孕时所接触的毒素会对胎儿生殖器官的发育造成直接影响。虽然我们无法控制这类发育问题，但值得庆幸的是，这种问题极少出现。

如今，随着科技水平的发展，人们越来越重视优生保健和产前诊断，我们甚至可以把对生育能力造成威胁的最常见问题都控制在现代医学所能解决的范围之内。在备孕之前，我们还可以做一些事情帮助保持生育能力。

本章内容，将带你了解男性和女性生殖系统的结构，帮助你从遗传多样性的角度解释染色体交叉和随机排列的意义，并共同探索减数分裂如何改变和影响生育能力。

Q1 我们的基因是如何从父母那里遗传来的？

与所有器官一样，当胎儿在母亲子宫里时，生殖器官就已经开始发育了，那精子和卵细胞是如何产生的呢？

精子是雄性生殖细胞，卵细胞是雌性生殖细胞，它们又统称配子。母细胞产生配子过程中的第一步称为减数分裂。减数分裂后，子细胞经过进一步变化，成为具有功能的成熟配子。例如，精子会生出一条小尾巴，且其中负责产生能量的线粒体数量会增加。卵细胞的大小和营养成分也会相应增加。从减数分裂到随后配子分化的整个过程称为配子发生。

减数分裂仅发生在性腺或性器官中。在人类中，男性性腺是睾丸，女性性腺是卵巢。由于人体体细胞含有 46 条染色体，经过减数分裂后染色体数目会减少一半，因此减数分裂期间产生的配子各包含 23 条染色体。

体细胞中的染色体成对存在。人体体细胞中的 46 条染色体实际上是 23 对不同的染色体。体细胞的每对染色体中，一条来自母方，另一条来自父方。这样的一对同源染色体（除男性性染色体外）的两个成员具有相似的大小和形状，并携带相同的基因，尽管不一定是相同版本的基因（见图 6-1）。例如，决定眼睛颜色的基因可能以不同的版本存在，不同版本的基因决定了不同的眼

睛颜色。一个基因的不同版本被称
为该基因的等位基因。

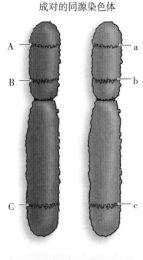

成对的同源染色体

图 6-1　一对同源染色体

注：成对的同源染色体具有相同的基因，但可能具
有不同的等位基因。显性等位基因由大写字母表示，
隐性等位基因由相同的小写字母表示。注意，每对
同源染色体（除男性性染色体外）的大小、形状和
着丝粒位置基本相同。

C和c是同一基因的
两个等位基因

　　为了更好地了解成对的同源染色体的形态，请观察放大的图 6-2。该图展
示了一个人体细胞中成对排列的染色体。这 46 条人类染色体可以排列成 22 对
非性染色体，即常染色体，以及 1 对性染色体，即 2 条 X 染色体或 X 染色体
和 Y 染色体。人类男性有 1 条 X 染色体和 1 条 Y 染色体，而女性则有 2 条 X
染色体。

　　减数分裂完成后，每个配子中都有一组每条染色体（1 ～ 23）的副本。当
每个成对的同源染色体中都有且只有一个成员存在于细胞中时，我们说该细胞
是单倍体（n）。卵细胞和精子都属于单倍体。精子和卵细胞融合后形成的受
精细胞（即受精卵）将包含两组染色体，被称为二倍体（2n）。

　　像有丝分裂一样，减数分裂是从间期开始的，该阶段包括两个 G 期，即
间隙期或生长期，以及 G_1 期和 G_2 期之间的一个 S 期，即 DNA 合成期（见
图 6-3）。

常染色体（22对）

性染色体（1对）

女性　男性

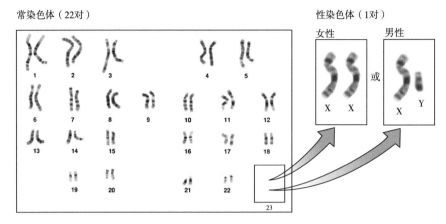

图 6-2　人类染色体

注：从这张放大的图片中可以看到，成对的染色体按照从大到小的顺序排列，编号为 1 到
22。第 23 对为性染色体，即 X 染色体和 Y 染色体。

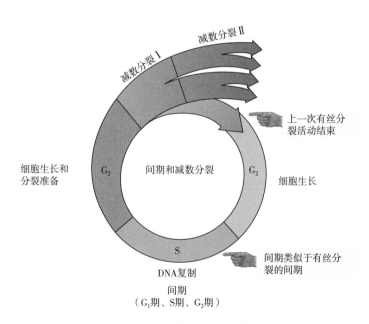

图 6-3　间期和减数分裂

注：间期包含 G_1 期、S 期和 G_2 期，以及后面的两轮核分裂，即减数分裂 I 和
减数分裂 II。

间期结束后，减数分裂的两个阶段，即减数分裂Ⅰ和减数分裂Ⅱ开始进行，在这两个阶段中会发生核分裂。在减数分裂Ⅰ阶段，成对的同源染色体彼此分离。在减数分裂Ⅱ阶段，姐妹染色单体彼此分离。两个阶段的减数分裂完成后均发生胞质分裂，在胞质分裂过程中，细胞质在由此产生的子细胞之间分裂。

间期

减数分裂开始前的间期是由 G_1 期、S 期和 G_2 期组成的。减数分裂前的间期在大多数方面与有丝分裂前的间期相似。由微管组成的中心粒在此时发挥作用。G_1 期和 G_2 期分别期是细胞生长和进行分裂准备的阶段。S 期是 DNA 复制发生的阶段。当细胞的 DNA 复制完成时，减数分裂Ⅰ便开始了。

减数分裂Ⅰ

第一个减数分裂阶段，即减数分裂Ⅰ，是由前期Ⅰ、中期Ⅰ、后期Ⅰ和末期Ⅰ组成的，如图 6-4 所示。

前期Ⅰ：在减数分裂前期Ⅰ，核膜开始破裂，微管开始聚集排列。先前复制的染色体凝集，这样它们可以在细胞周围移动，而不会缠绕在一起。凝集的染色体可以在显微镜下看到。此时，在基因配对的基础上，成对的同源染色体互相交换一小部分遗传信息，这个过程被称为交叉重组。

要想理解交叉重组过程的重要性，请思考一下自己可以产生的配子。对于你的成对染色体中的每一个来说，一个配子会得到一个你从母方遗传来的染色体副本或从父方遗传来的染色体副本。假设你产生的一个配子带有母方遗传来的 3 号染色体，但由于交叉重组，这个染色体还可能包含父方遗传的 3 号染色体的小部分遗传信息（见图 6-5）。

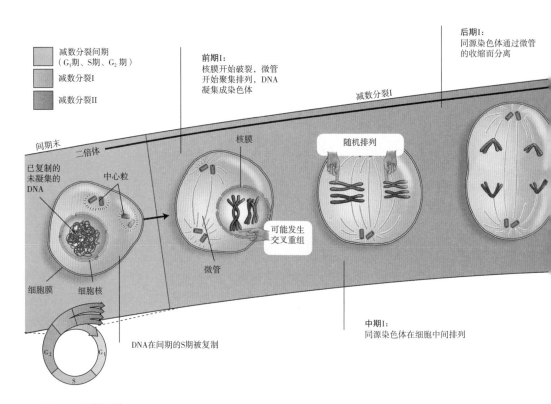

图 6-4　减数分裂

注：该图显示了动物细胞在间期末、减数分裂Ⅰ、减数分裂Ⅱ和胞质分裂阶段所发生的细节。

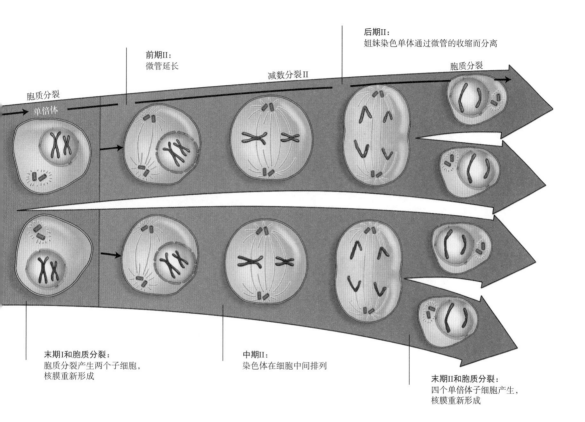

后期II：
姐妹染色单体通过微管的收缩而分离

前期II：
微管延长

减数分裂II

胞质分裂

胞质分裂
单倍体

末期I和胞质分裂：
胞质分裂产生两个子细胞，
核膜重新形成

中期II：
染色体在细胞中间排列

末期II和胞质分裂：
四个单倍体子细胞产生，
核膜重新形成

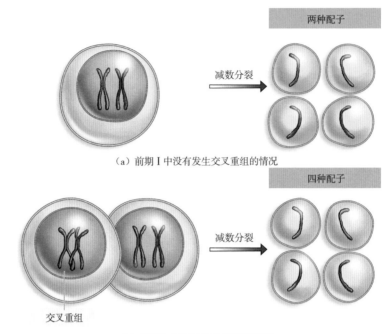

（a）前期Ⅰ中没有发生交叉重组的情况

交叉重组

（b）前期Ⅰ中发生了交叉重组的情况

图6-5 交叉重组

注：此示例仅展示了进行减数分裂的个体的性腺中出现的一对同源染色体。这对染色体中的一条来自该个体的母亲，另一条来自其父亲。（a）如果没有发生交叉重组，则该个体产生的配子将包含未改变的染色体，这些染色体与进行减数分裂的个体中存在的染色体相同。（b）如果发生了交叉重组，则产生的配子可能包含携带了来自该个体父母双方的遗传信息的单个染色体。

中期Ⅰ：在中期Ⅰ，染色体在细胞的"赤道"处排列，但以成对的同源染色体的形式排列，这是减数分裂和有丝分裂之间的主要区别。在有丝分裂中，染色体在"赤道"处单行排列。在减数分裂期间，关于成对的同源染色体的两个分别朝向哪一极，是被随机安排的，这种现象被称为成对的同源染色体的随机排列，这个概念将在下一章详细讨论。

现在，为了更好地理解这一点，让我们从你可以产生的配子的角度来思考。当你从母方遗传的3号染色体与你从父方遗传的3号染色体排列在一起时，相对于该细胞的两极点，它们可以以两种方式中的一种排列。从母方遗传来的染色体在第一轮减数分裂过程中可能朝向细胞的顶部，而在下一轮则朝向细胞的底部。因为你有23对染色体，每对染色体都可以以两种不同的方式排列，所以你的染色体可以有2^{23}种，即超过800万种不同的排列方式。因此，每个人都可以产生800多万个基因不同的配子，这就提供了种类繁多的具有遗传多样性的配子。

后期Ⅰ和末期Ⅰ：减数分裂的中期Ⅰ结束后，细胞进入后期Ⅰ。在后期Ⅰ，通过微管的收缩，成对的同源染色体彼此分离，而在末期Ⅰ，核膜在染色体周围重新形成。胞质分裂将DNA分入两个子细胞。因为每个子细胞仅包含成对同源染色体的其中一个的副本，所以此时的细胞是单倍体。现在，这两个子细胞都已准备好进行减数分裂Ⅱ。

减数分裂Ⅱ

减数分裂Ⅱ由前期Ⅱ、中期Ⅱ、后期Ⅱ和末期Ⅱ组成。第二次减数分裂的分裂形式实际上与有丝分裂相同，可使已复制染色体的姐妹染色单体彼此分离。

在减数分裂的前期Ⅱ，细胞为下一轮分裂做好准备，此时微管再次延长。在中期Ⅱ，染色体在"赤道"处单行排列，与有丝分裂期间的排列方式大致相同。在后期Ⅱ，姐妹染色单体彼此分离，分别移至细胞的两极。在末期Ⅱ，分离的染色体被包围在各自的细胞核内。接下来，胞质分裂使每个细胞分成两个子细胞，共产生四个细胞。减数分裂和有丝分裂的主要区别参见图6-6。

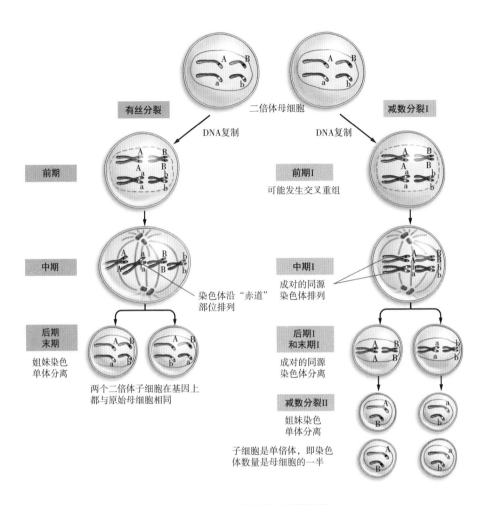

图 6-6　有丝分裂和减数分裂的比较

注：有丝分裂是细胞分裂的一种类型，发生在体细胞中，产生的子细胞完全复制了母细胞的基因。减数分裂发生在能产生配子的细胞中，可以使染色体数量减少一半。每个配子得到每对同源染色体中的一个。

Q2　人类的最佳生育年龄是几岁？

　　研究发现，男性的生育能力在 35 岁左右开始下降，并随着年龄的增长持续缓慢下降。尽管如此，许多男性终其一生都保持着生儿育女的能力；女性的怀孕能力也会随着年龄的增长而下降。与男性相比，女性会在更早的年龄出现怀孕能力下降的情况，且怀孕能力下降的速度更快。

衡量生育能力的一种方法是研究怀孕所需的时长及其与年龄之间的函数关系。图 6-7 表明，年龄较大的男性和女性需要更长的时间才能成功受孕。

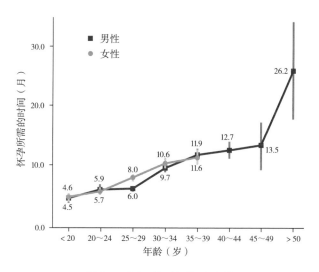

图 6-7　怀孕所需的时间和年龄

注：该图显示了以月为单位的怀孕所需的平均时间与年龄之间的函数关系。

那么，为什么年龄越大，生育能力越差呢？这是因为随着年龄的增加，生殖细胞减数分裂的能力会随之改变，男性和女性的配子数量随着年龄的增长而减少，配子不足便会更容易不孕。

除了年龄，性别不同生育能力也不同。男性和女性开始进行减数分裂的时间存在差异，在某种程度上这能够解释生育能力下降的性别差异。研究发现，女性的生育能力受到年龄的影响更大。当女性在母亲的子宫里发育时，她们卵巢里的细胞就开始了减数分裂。从青春期开始，这些"暂停活动"的细胞在每个月经周期完成减数分裂。

因此，女性生来就拥有她们可能产生的所有潜在的卵细胞，这些卵细胞已经存在于她们的卵巢中。当女性进入生育期时，这些潜在的卵细胞的数量和质量都开始下降，并持续下降直到女性 50 岁左右月经停止。

此外，还有一些先天的染色体异常会影响生育能力。减数分裂的问题会导致生育能力下降。比如，染色体过多或过少的人比拥有 46 条染色体的人生育能力差。例如，大约每 2 500 位女性中就有 1 人天生只有 1 条 X 染色体，该疾病被称为特纳综合征。同样，大约每 800 位男性中就有 1 人天生患有克兰费尔特综合征，他们拥有 2 条 X 染色体和 1 条 Y 染色体。这是亲代生殖细胞在减数分裂过程中，成对的同源染色体未能彼此分离造成的，该现象被称为不分离（nondisjunction），它能导致精子或卵细胞有过多或者过少的染色体。如果是在男性身上出现不分离的情况，他的精子可能有 1 条 X 染色体及 1 条 Y 染色体，而不是 1 条 X 染色体或 1 条 Y 染色体。如果此精子使 1 个卵细胞受精，那么由该受精卵发育成的个体将会拥有 XXY 染色体，并因此患有克兰费尔特综合征。拥有过多或者过少染色体的个体生育能力较差，因为在减数分裂时异常的染色体不能正常地配对。

Q3 如何科学备孕，提高怀孕的概率？

要想成功怀孕，除了配子的成功产生和成熟，还有一个很重要的前提条件，就是要保证生殖系统的健康。因为，配子产生并成熟后，必须通过男性和女性的生殖系统实现受精。

两性的生殖系统都是由内部和外部结构组成的，这些结构负责产生配子、分泌实现生殖功能所需的激素，并通过管状结构来提供路径输送配子。如果生殖系统结构发育不良、患有疾病，或者受到损害和阻塞，都会造成不孕不育。

男性生殖系统解剖学

男性生殖系统的内部和外部组成部分如图6-8所示。在性交过程中，阴茎将精子输送到女性生殖道中。阴茎由勃起组织（海绵体）组成。在性兴奋期，该组织会充血。阴茎里血液增加产生的压力会使静脉封闭，血液不能流通。这导致阴茎充血并直立勃起。勃起是阴茎插入阴道、促使精子进入卵细胞的必要条件。因此，那些无法让阴茎保持勃起的男性的生育能力较低。这个问题在老年男性和在性交前摄入大量酒精的男性中更为常见。过量饮酒也会导致性欲降低，无法达到性高潮。

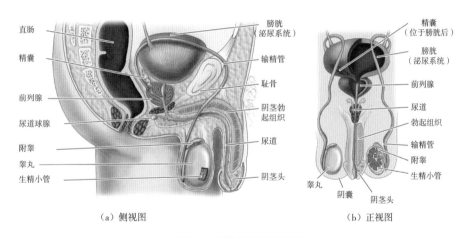

（a）侧视图   （b）正视图

图6-8　男性生殖系统解剖图

尿道是阴茎内的一个管状器官，它为精子和尿液提供了一个排出体外的通道。在性高潮期间，膀胱底部的肌肉环收紧，促使精液从阴茎顶端射出而不是流向膀胱。如果括约肌不闭合，精子就会进入膀胱，这种导致生育能力降低的状况叫作逆行射精。与健康男性相比，有脊髓损伤或其他健康问题的男性更容易出现逆行射精的病症。

一些新出生男婴的尿道口位于阴茎腹侧而不是顶端。这种现象叫作尿道下裂，可以在幼年通过手术矫正，如不矫正会导致不育。

阴茎顶部，或者称阴茎头，有着高度敏感的皮肤，外面覆盖着一层褶皱状皮肤，叫作包皮。男性接受割礼指的是将包皮割去。包皮环切术尚未被证明会影响生育能力。

阴囊是位于阴茎下方的袋状结构，里面包含产生精子和分泌激素的睾丸。阴囊处的皮肤很薄，布满褶皱，没有脂肪组织，也几乎没有毛发。阴囊的皮肤下有一层不随意平滑肌，它可以调节睾丸与身体的相对位置，使睾丸保持在能最大限度产生精子的温度。阴囊在低温状态下收缩，以便使睾丸更靠近身体。因为过高的温度对产生健康的精子不利，所以那些渴望当爸爸的男士常被告知要少泡热水澡和洗桑拿浴。

睾丸也会产生一种叫作雄激素的男性激素。当雄激素水平较低时，男性产生的精子较少，生育能力会受到影响。雄激素水平较低可能是由服用药物或者为了增肌使用合成代谢类固醇造成的。经证实，使用人工类固醇会使睾丸缩小，导致雄激素减少。男性的雄激素分泌也会因为肥胖而减少，从而导致精子数量减少。这可能是因为脂肪组织能够将睾酮等雄激素转化为雌激素，也可能是因为体重过重导致阴囊内温度升高。

每个睾丸里都有很多高度卷曲的管状结构，它们被称为生精小管。男孩从进入青春期直到变老，精子都在生精小管里发育。精子的产生被称为精子发生（见图 6-9a）。当分布在生精小管里的细胞首先通过有丝分裂进行复制，然后新生成的两个子细胞中的一个进行减数分裂，精子发生便开始了。辅助精子发育的其他细胞也位于生精小管中，这些细胞分泌的物质有助于精子细胞发育并使其获得运动能力。

成熟的精子细胞由头部、颈部和尾部（或鞭毛）三个部分组成。精子的卵形头部含有 DNA；颈部包含线粒体，线粒体中的代谢活动为精子游移至输卵管提供能量；尾部负责推动精子游动（见图 6-9b）。畸形或没有活力的精子使卵细胞受精的可能性较小。随着年龄的增长，以及违禁药物、烟草和酒精的摄入，正常形成的、有活力的精子的比例会下降。

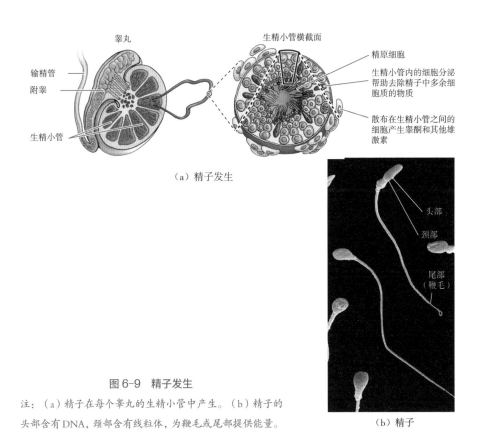

图 6-9　精子发生

注：（a）精子在每个睾丸的生精小管中产生。（b）精子的头部含有 DNA，颈部含有线粒体，为鞭毛或尾部提供能量。

精子从生精小管排出，经过位于每个睾丸上的长约 6 米的输精管。在射精过程中，精子从附睾通过输精管排出。

输送精子的任何管状结构堵塞都会导致射精的数量降低。当男性生殖系统结构感染导致损伤组织的炎症时，就可能出现永久性的阻塞。一些如淋病和艾滋病等可通过性传播的疾病及手术、外伤等均会对导管结构造成永久性的损伤。

与输送精子的导管一样，从睾丸输出血液的静脉也会发炎，从而导致不育。研究发现，超过 10% 的男性阴囊一侧存在精索静脉曲张，它外观上与腿部的静脉曲张相似。并不是所有患有精索静脉曲张的男性都会不育，但当他们因此不育时，可以通过手术来阻断流入这些静脉的血液，从而恢复生育能力。

精子在进入生殖系统的过程中会接触几种有用的分泌物。精囊这种腺体分泌黏液和糖类，后者作为能量供精子使用。前列腺分泌的一种稀薄的、富含营养的乳白色液体会流入尿道。尿道球腺位于前列腺和阴茎间的尿道下方，在射精之前，这些腺体会分泌透明的黏液，帮助中和尿道中的酸性尿液。由精子和这些分泌物组成的精液射入女性阴道。如果男性精液量少，那表明这些腺体中的某一个可能出了问题。因为精液有助于精子在女性生殖系统内存活，精液量低于正常水平就会导致不育。如果精液健康，精子在女性生殖系统中最长可以存活 5 天。

女性生殖系统解剖学

图 6-10 展示了女性生殖系统的解剖图。外阴是外生殖器最明显的特征。外阴由两组阴唇组成：外侧的大阴唇和内侧的小阴唇。大阴唇脂肪多，外表面有毛，而小阴唇既无脂肪也无毛。在外阴的前部，小阴唇围绕阴蒂分裂。阴蒂是女性达到性唤起和性高潮的重要器官。

女性阴唇的皱褶之间有一个通向尿道的开口，尿道是尿液从膀胱排出的通道。女性尿道长度大约为男性尿道的 1/3。在一定程度上，这种差异使得女性膀胱更易受到感染，因为细菌从体外进入膀胱的距离更短。尿道口的下方是阴道口。

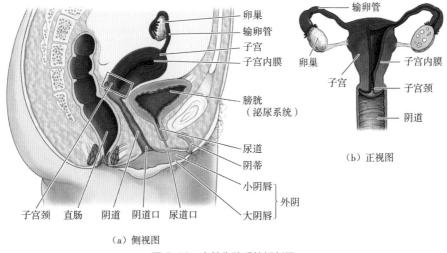

图 6-10　女性生殖系统解剖图

　　组成女性内生殖器的器官有卵巢、输卵管、子宫和阴道。卵巢的大小和形状像带壳的杏仁，负责分泌女性激素孕酮和雌激素，并产生卵细胞。生育需要至少一个功能正常的卵巢。雌性配子在卵巢里的形成和发育被称为卵细胞发生（见图 6-11a）。分泌雌激素的细胞围绕着发育中的卵细胞形成囊状结构，可以保护正在发育的卵细胞。在排卵过程中，这个囊就像水泡爆裂一样裂开，将卵细胞释放至输卵管中（见图 6-11b）。排出的卵细胞大约有大头针的头部那么大。此时，将卵细胞挤出的囊被称为黄体，保留在卵巢内，分泌雌激素和孕酮。

　　女孩进入青春期后，通常会在每个月经周期排出一个卵细胞。任何阻止卵巢释放卵细胞的因素都可能导致不孕。其中的一个因素是卵巢囊肿，又称为多囊卵巢综合征（polycystic ovarian syndrome，PCOS）。卵巢通常会产生少量的雄激素。多囊卵巢综合征患者的雄激素分泌量较多，进而干扰排卵。体重过重会影响激素水平，也会阻碍排卵。此外，体重过轻会损害生殖系统，甚至导致女性永久性不孕。酗酒与排卵障碍也有一定的关联，吸烟则被认为会过早地耗损卵巢中卵细胞的储备。

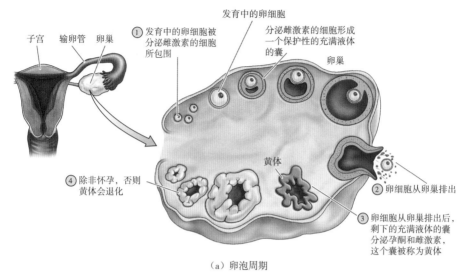

① 发育中的卵细胞被分泌雌激素的细胞所包围

发育中的卵细胞

分泌雌激素的细胞形成一个保护性的充满液体的囊

卵巢

④ 除非怀孕，否则黄体会退化

黄体

② 卵细胞从卵巢排出

③ 卵细胞从卵巢排出后，剩下的充满液体的囊分泌孕酮和雌激素，这个囊被称为黄体

子宫　输卵管　卵巢

（a）卵泡周期

图 6-11　卵细胞发生

注：（a）在一个月经周期中通常会有一个卵泡生长发育，为排卵做好准备。（b）在排卵过程中，卵细胞从卵巢中被释放出来。

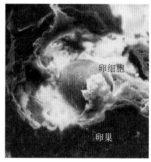

卵细胞

卵巢

（b）排卵

　　许多年轻女性担心，服用抑制排卵的避孕药会产生负面影响，导致她们以后在想要生育时更难怀孕。但事实是，即使是长期服用避孕药的女性，似乎也并不会出现这种情况。

　　一旦女性排出一个健康的卵细胞，它就会转移到输卵管。输卵管实际上是子宫上表面的延伸。这些管状结构从子宫延伸至卵巢，卵巢就悬浮在腹腔内。输卵管与卵巢不是直接相连的，相反，输卵管的末端是在卵巢表面摆动的茸毛状结构。这些摆动以及输卵管内部产生的吸力引导卵巢释放出的卵细胞进入输卵管。

在卵细胞传递过程中形成的输卵管瘢痕也会对女性的生育能力产生影响。衣原体感染和淋病是两种非常常见的性传播疾病，有时患者并不会出现明显的症状，这将导致患者延迟治疗，病原体因此就有可能通过子宫颈和子宫上部到达输卵管，造成组织的损伤性感染，导致永久性的瘢痕和堵塞。该病症称为盆腔炎，会导致 10% 以上的患者永久不孕。

从输卵管的位置开始，卵细胞可能已经受精并移动至子宫。子宫的大小与本人的拳头相当。子宫壁很厚，厚约 1 厘米，由某些人体最强大的肌肉组成。子宫肌肉壁在女性劳作、分娩和性高潮时会有节奏地收缩。

导致不孕的最常见原因是子宫内有肌瘤存在，这属于非癌性增生。如果子宫内有肌瘤，受精卵就难以在子宫内发育。子宫肌瘤的发病率会随着年龄的增长而增加，它可以通过药物干预来治疗。

子宫壁的内表面被称为子宫内膜，其厚度在月经周期中会发生规律性变化。子宫内膜异位症是一种会破坏生育能力的痛苦病症。由于某些未知的原因，子宫内膜组织有时会长到子宫外，从而影响卵巢的正常功能或者造成输卵管阻塞。

子宫下 1/3 的部分称为子宫颈，它比子宫上部狭窄。精子会堆积在阴道内。阴道是肌肉发达的内部器官，它可以容纳阴茎，并在分娩时充当产道。子宫颈的开口称为子宫颈口，在分娩时会扩大，但如果是未怀孕的女性，精子是通过阴道从子宫颈口流入的。在排卵时，子宫颈会产生黏稠度与生蛋清相似的黏液。黏液形成平行的丝线，就像游泳池里的泳道分界线，有助于防止精子卡在子宫颈的皱襞里，从而增加在子宫或输卵管里的卵细胞受精的概率（见图 6-12）。

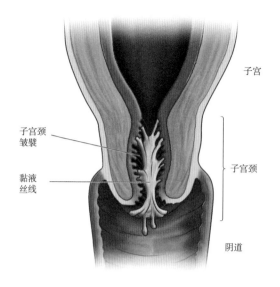

子宫

子宫颈
皱襞

黏液
丝线

子宫颈

阴道

图 6-12　子宫颈

注：子宫颈是位于子宫下端的一个狭窄通道。排卵前宫颈黏液量会发生变化，有助于防止精子卡在子宫颈皱襞里。女性分娩时，子宫颈口能扩大到大约 10 厘米。

　　子宫颈黏液也有助于润滑阴道而促进性交，并延长精子的寿命。如果子宫颈没有产生黏液，精子会在数小时内死亡；如果有黏液，精子可以存活 3 ～ 5 天。

要点回顾

BIOLOGY : SCIENCE FOR LIFE >>>

- 减数分裂是细胞分裂方式的一种,它发生在产生配子(精子和卵细胞的统称)的细胞中。配子包含的染色体数量只有体细胞的一半。减数分裂可以增加遗传的多样性。

- 减数分裂的改变会影响生育能力:性染色体过多或过少的个体生育能力较差。男性和女性的配子数量随着年龄的增长而减少,也就是说,年龄越大,怀孕能力越低。

- 两性的生殖系统是由内部和外部结构组成的,这些结构负责产生配子、分泌生殖功能所需的激素,并通过管状结构来提供路径输送配子。

BIOLOGY
SCIENCE FOR LIFE

07

孟德尔揭示了什么遗传规律?

妙趣横生的生物学课堂

- · 为什么有些"幸运儿"拥有突变基因但不发病?

- · 孟德尔遗传学揭开了基因的哪些奥秘?

- · 为什么 A 型血不能输给 B 型血的患者?

- · 为什么患有红绿色盲的男性比女性多?

在美国的医院里，婴儿出生 24 小时后，护士会执行一项奇怪的程序：用无菌的手术刀刺入婴儿的脚后跟，然后把婴儿的足部血挤到打印有表格的滤纸上，在表格上标记孩子的名字，然后将表格送到临床实验室进行分析。在美国，每个婴儿出生时都要接受多达 50 种不同疾病的筛查。新生儿筛查是由纽约州布法罗儿童医院的医生兼微生物学家罗伯特·格思里（Robert Guthrie）于 1963 年提出的。这种"新生儿筛查"的目的是发现特定的疾病，从而进行早期干预，防止出现严重的后果。

格思里医生之所以对新生儿筛查感兴趣，是因为他希望阻止智力残疾的出现。他的儿子约翰尼就受到了智力残疾的影响。于是他开始研究苯丙酮尿症的检测方法，这种罕见的遗传性疾病能够导致智力残疾。值得注意的是，这种疾病造成的智力残疾的影响可以通过调节饮食来避免。自从这项检测开始实施以来，已经对数百万名婴儿开展了苯丙酮尿症检测，显著地改变了至少 30 万名患者的生命历程。

1997 年 2 月，同样在这家儿童医院出生的一名男婴接受了新生儿筛查。该男婴名为亨特·凯利（Hunter Kelly），是当时美国国家橄榄球联盟水牛城比尔队刚退役的明星四分卫吉姆·凯利（Jim Kelly）的第一个儿子。和绝大多数婴儿一样，亨特通过了新生儿筛查。但不到一个月，亨特就出现了明显的易怒情绪，3 个月大时他会不停地哭闹，4 个月大时出现吞咽困难，并经常癫痫发作。凯利夫妇带他去看儿童神经科医生，糟糕的验血结果表明，亨特患有克拉伯病，一种遗传的神经系统退化性疾病。

有种治疗方法有可能阻止克拉伯病的恶化，但由于亨特的大脑已经遭受了太多的损伤，要改善他的预后已经为时太晚。凯利夫妇全身心地照顾儿子，并建立了私人基金会，将其命名为亨特希望基金会。基金会的一个任务就是促进克拉伯病和其他类似疾病的早期检测。经过基金会的不断努力，凯利夫妇的家乡纽约州自 2006 年开始在新生儿筛查中增加了对克拉伯病的检测。现在，其他几个州也增加了这项检测。从那以后的几年里，数百万婴儿接受了克拉伯病的检测。

尽管凯利夫妇竭尽全力推动将克拉伯病添加到强制性新生儿筛查项目中，但并不是所有州都同意这样做。负责评估一些疾病是否应该被加入筛查项目中的美国国家审查小组，也拒绝推荐将该疾病加入筛查项目。

如果对一种可怕的疾病进行检测可以挽救一个人的生命，为什么有的州会拒绝这种检测呢？本章内容，将从梳理基因、染色体和等位基因之间的关系出发，带你了解致病基因的遗传表达和模式，找到其中的答案。

Q1 为什么有些"幸运儿"拥有突变基因但不发病？

凯利的三个孩子中只有一个受到导致克拉伯病的"拼写错误"的影响。这是因为尽管每对父母所生的孩子之间有相似性，但他们又都是独一无二的。兄弟姐妹之间的差异是由两个因素造成的：自由组合和随机受精。

基因突变创造了遗传多样性。父母双方都为每个孩子提供了遗传"指令"，但是他们不提供整个"说明书"。如果父母提供了整个"说明书"，那么人类细胞所携带的基因指令将会在每一代人中增加一倍，导致细胞变得非常拥挤。这归功于减数分裂过程使配子中携带的染色体数量减少了一半。

　　尽管父母双方各自在配子中只传递了一半的遗传信息，但他们实际上给了每个孩子一份完整的"说明书"（见图7-1）。之所以会发生这种情况，是因为我们身体的每个细胞都包含两份"说明书"的副本。也就是说，每个细胞都有"说明书"每一页的两个副本，每个副本包含的"文字"基本上都是一样的。

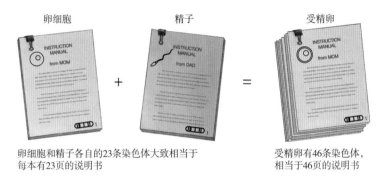

卵细胞　　　　　　　　精子　　　　　　　　　　受精卵

卵细胞和精子各自的23条染色体大致相当于
每本有23页的说明书

受精卵有46条染色体，
相当于46页的说明书

图 7-1　来自父母的相对等的信息

注：父母双方各自给每个后代提供一套完整的指令。

　　更严格地说，每个细胞包含的 46 条染色体实际上是 23 对染色体，每对染色体中的两个成员都包含基本相同的基因。每对中两个基本相同的染色体被称为一对同源染色体。一对同源染色体的成员是相对等的，但不是完全相同的，因为尽管它们都有大体相同的基因，但每个染色体都包含一套独特的等位基因，遗传自父母一方或另一方。

　　减数分裂的过程使一对同源染色体分离，也使得染色体独立地进入每个配子。这两个事件解释了为什么同一父母所生的兄弟姐妹不一样，但同卵双胞胎除外。当一对同源染色体在减数分裂过程中分离时，这对染色体所携带的等位基因也会分离。在配子产生的过程中，成对的等位基因分离的过程被称为分离。因此，拥有同一基因的两个不同等位基因的亲本，产生的配子有 50% 的可能性包含该等位基因的一个版本，有 50% 的可能性拥有另一个版本的等位基因。

减数分裂期间染色体的分离也解释了自由组合，即每个基因通常独立于其他基因遗传。自由组合源于随机排列，即第一次减数分裂前成对染色体呈不协调"排列"。随机排列的可能结果参见图 7-2。如果我们只考虑 2 对同源染色体，那么可能有两种不同的排列方式并产生 4 种不同的配子。通过这种方式，不同染色体上的基因可以独立地遗传。随着生物体染色体数量的增加，生物体能产生的配子基因不同的概率也会增加。

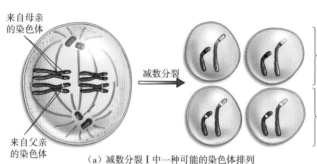

（a）减数分裂 I 中一种可能的染色体排列

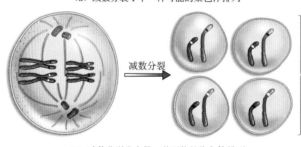

（b）减数分裂 I 中另一种可能的染色体排列

图 7-2　染色体的随机排列

注：在该例子中，进行减数分裂的生物体只有 4 条染色体。该生物体从父亲那里继承了蓝色染色体，从母亲那里继承了红色染色体。当有 2 对同源染色体时，能够出现 a 和 b 这两种可能的排列。这些不同的排列可以形成配子中新的基因组合。

认识到分离和自由组合创造的配子的多样性，我们就能找到开篇"如果对一种可怕的疾病进行检测可以挽救一个人的生命，为什么有的州会拒绝这种检测呢？"这个问题的答案了。

在我们的类比中，包含在单个精子细胞中的"说明书"是由一个男性从其父母那里继承的"说明书"页面的独特组合而构成的。事实上，几乎他生成的每个精子都包含一个独特的染色体子集，因此也是他的等位基因的独特子集。图 7-3 形象地说明了这一点。在该图中，你可以看到，自由组合导致决定眼睛颜色的等位基因会独立于决定血型的等位基因而进入精子。

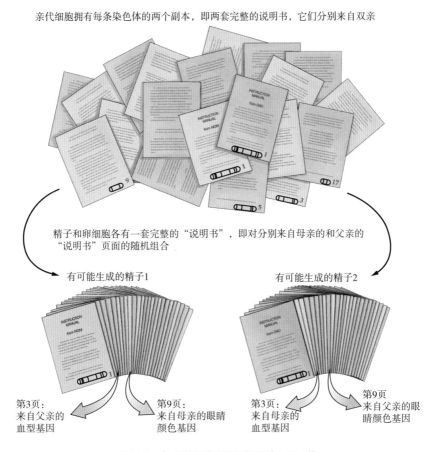

图 7-3 每个卵细胞和精子都是独一无二的

注：因为每个精子都是独立产生的，所以每个精子核中的一套染色体将是一个独特的染色体组合，这种组合是该男性从他的亲生父母那里遗传来的。

　　每当生成一个精子时，染色体分离进入子细胞的独立分配都会发生，因此从父亲那里继承的等位基因对所有的孩子来说都是不同的。给你带来一半遗传信息的精子也许携带了遗传自奶奶的眼睛颜色的等位基因以及遗传自爷爷的血型的等位基因，而使得你妹妹出生的精子也许既包含了遗传自奶奶的眼睛颜色的等位基因，也包含了遗传自奶奶的血型的等位基因。自由组合的结果是，一个个体的等位基因只有大约 50% 的概率与同一父母的另一个后代相同——也就是说，你的每个基因有 50% 的概率与姐妹或兄弟相似。

　　吉姆·凯利的儿子亨特出生后不久就被诊断患有致命的遗传性疾病——克拉伯病。基因检测发现，亨特的父母都携带着这种突变基因的一个副本，但吉姆·凯利从没发过病，也就是说，拥有突变的克拉伯病基因副本并不会 100% 影响到自身的神经系统。

　　在美国，每年出生的 400 万婴儿几乎都要接受强制性新生儿筛查。每个州都独立决定筛查的疾病种类。纽约州是对 47 种不同的疾病进行检测，该州也

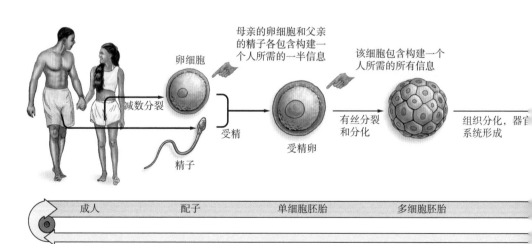

图 7-4　生命周期

注：父母双方都通过精子和卵细胞向后代提供遗传信息。由一个精子和一个卵细胞结合而成的受精卵包含了构建一个成人所需的所有遗传指令。

是少数几个筛查克拉伯病的州之一。筛查大部分疾病所需的只是微量的血液样本,医护人员可以从孩子的脚后跟部位针刺采血。通过对血液进行分析,可以检测婴儿体内是否有超标的化合物。

可以想象,如果新生儿筛查检测结果呈阳性,就会引起新生儿父母的极大焦虑。然而,筛查项目中大多数的可疑结果都是假阳性。换句话说,它们表明疾病可能存在,而实际上并不存在。因为假阳性的结果会引起人们的焦虑,而且额外的检测费用也很昂贵,所以美国联邦咨询委员会在建议将某种新疾病增加在筛查项目中时持保守态度。如果要让他们推荐在筛查项目中增加某一疾病的检测,相关检测方法都必须将假阳性的风险降到最低。这种疾病必须已经被充分地了解并能被有效地治疗,以及检测结果必须提供可能影响父母未来生育决定的信息。为了满足最后的条件,进行检测的疾病必须有明显的遗传特征。

孩子如何继承父母的性状?想要解答这个问题,你需要了解人类的生长和繁殖(见图7-4)。

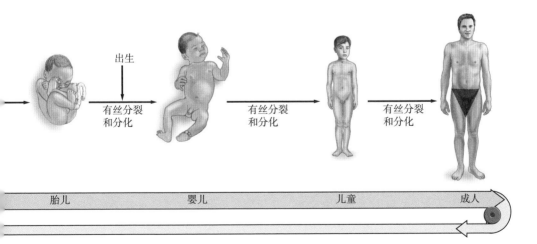

人类婴儿通常是由父亲产生的单个精子和母亲产生的单个卵细胞结合而成的。卵细胞和精子，即配子，在受精时结合，产生的细胞被称为受精卵，受精卵复制它所包含的所有遗传信息并进行有丝分裂，从而产生两个相同的子细胞。每个子细胞都以同样的方式分裂几十次，由此产生的大量细胞随后分化成特定的细胞类型，这些细胞继续分裂和组合，形成正在发育中的人，或称为胚胎的各种结构。受精卵及其后代的持续分裂可以形成一个足月的婴儿，婴儿最终成长为成人。

我们是由数以万亿计的单个细胞构成的，它们都是受精卵的后代。几乎所有细胞都包含与最初在受精卵里发现的完全相同的信息。我们所有的性状，无论优秀与否，都受到这个微小细胞所包含的信息的影响。

基因和染色体

每个正常的精子和卵细胞都包含关于"如何构建一个生物体"的信息，其中的大部分信息是以基因形式存在的。基因通常是编码蛋白质的 DNA 片段。想象一下，染色体大致类似于说明书的纸页，而基因大致相当于纸页上的文字，就如同纸页上包含文字一样，染色体上包含基因信息。

像细菌这样的原核生物通常包含一个单一的、圆形的染色体，它在细胞内自由漂浮并被完整地传递给每个后代。相比之下，真核生物包含不止一条线状染色体，这些染色体都携带基因。

真核生物的染色体数目差别很大，斗牛犬蚁有 2 条染色体，但是心叶瓶尔小草（见图 7-5）却有 1 260 条染色体，其数量之多令人震惊！人类细胞中包含 46 条染色体，其中大多数染色体携带着数千个基因。在我们的类比中，每个细胞就好比有一本 46 页的说明书，说明书的每一页上都有数千个文字。

细胞里的"说明书"与制造模型汽车套件里附带的说明书不同。在制作模型汽车时，你会从说明书的第一页开始阅读，然后按照一组有序的步骤来制造最终产品。而生物"说明书"要复杂得多，对于不同类型的细胞，介绍的篇幅和文字是不同的，甚至可能根据情况发生改变。任何特定细胞的最终产品取决于所使用的文字和从通用"说明书"里读取文字的顺序。

例如，哺乳动物眼睛和舌头上的细胞都携带用于制造视紫红质蛋白的指令，该蛋白质可以帮助探测光线，但视紫红质蛋白只在眼细胞里产生，不在我们的舌头细胞里产生。视紫红质蛋白需要另一种被称为转导蛋白的蛋白质的帮助，才能对照射在它上的光线进行探测。转导蛋白也会在舌头细胞里产生，但在这里它的作用是将食物中的某些分子的结合转化为味道。

因此，一种蛋白质可以根据它所处的环境发挥两种或两种以上不同的功能。因为基因就像文字一样能够通过许多组合发挥作用，所以构建一个活的生物体的"说明书"是非常灵活的。

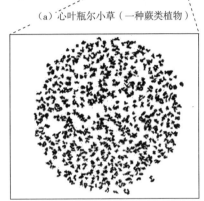

（a）心叶瓶尔小草（一种蕨类植物）

（b）单个的蕨类植物细胞

图 7-5　染色体数目的差异

注：一个生物体的遗传信息的数量与其复杂性并没有关系，这一点可以从对心叶瓶尔小草单个细胞中包含的 1 260 条染色体的研究中看出。

在后代中创造多样性

亨特·凯利的克拉伯病是由随机发生的、可怕的巧合而引起的。这一切发生的前提是，导致这种疾病的遗传变异是存在的。

基因突变创造了遗传多样性。 在繁殖过程中，来自父母双方的基因被复制并传递给下一代。基因在从一代到下一代的复制和传递过程中产生了遗传变异。

回想一下 DNA 的复制过程，它是通过将单个核苷酸与模板 DNA 链相匹配来生成复制的 DNA 分子。因此，染色体的副本是被"重写"，而不是"影印"。在我们的类比中，每当一个细胞分裂时，说明书的页面就会被重写。重写过程中出现印刷错误或突变的概率很小。若基因突变导致基因出现不同的版本，这样的基因也被称为等位基因。

从该图可以看出，许多突变导致了毫无意义的指令的产生，也就是产生了功能失调的等位基因，拥有这些突变基因的个体经常受到困扰。功能失调的等位基因往往会随着时间的推移而消失，因为对于拥有这些等位基因的个体来说，突变后的等位基因的功能性比没有突变的差。简而言之，产生功能失调突变的个体可能无法存活，或者这样的个体繁殖率极低。

虽然一些突变实际上是中性的，甚至在某些情况下是有益的，但是一些突变确实是有害的，如果携带这些有害突变的个体也携带功能正常的等位基因，那么这些有害的突变就可以被隐藏起来。往往几代人会持续携带这些隐藏的突变。导致克拉伯病的突变就属于这种类型。

因为突变是随机发生的，所以我们每个人都有一套独特的等位基因，反映了祖先遗传给我们的以及自身发生的独特的突变。通过导致一代代不同家族的差异，突变以新的等位基因形式使群体中产生遗传变异。当一种新的性状增加了个体生存和繁殖的机会时，这种突变将有助于种群适应其环境。因此，基因的"拼写错误"本身是驱动进化的推动力。

随机受精可产生大量的潜在后代。 由于 23 对染色体可以自由组合，每个人可以产生至少 800 万种不同类型的配子。你的父母各自都能产生如此多样的配子！此外，从理论上讲，你父亲产生的任何精子都有平等的机会使你母亲产生的任何卵细胞受精。

换句话说，配子的结合与它们携带的等位基因无关，该过程被称为随机受精。因此，你遗传得到特定染色体组合的概率是八百万分之一乘以八百万分之一，也就是六十四万亿分之一。这意味着，你的父母在理论上能够得到六十四万亿个基因不同的孩子，而你只是其中之一。

突变可以产生新的等位基因，自由组合和随机受精带来了每一代等位基因的独特组合，这些过程都有助于产生人类的多样性。

Q2 孟德尔遗传学揭开了基因的哪些奥秘？

一些人类遗传性状具有易于识别的遗传模式，这些性状被称为"孟德尔性状"，以格雷戈尔·孟德尔（Gregor Mendel）的名字命名。孟德尔是第一位准确描述这些性状的遗传现象的人。就像纽约州新生儿筛查项目中检测的其他遗传疾病一样，克拉伯病是一种孟德尔性状。

孟德尔于 1822 年出生在奥地利。由于家境贫寒，他无法支付私立学校的学费，便进入了修道院接受教育。在完成修道院学业后，孟德尔进入维也纳大学学习。在那里，他学习了包括数学和植物学在内的多个学科内容。大学毕业后，他回到修道院，开始对豌豆进行遗传实验研究。

在 10 年的时间里，孟德尔研究了近 3 万株豌豆。他精心设计的实验包括在有着不同性状的植物间进行杂交。孟德尔通过对豌豆花进行人工授粉来控制杂交的类型，也就是从一种豌豆的花药中提取产生精子的花粉，并将其涂在另一种豌豆的心皮，即包含卵细胞的结构上。通过培育这些杂交所产生的种子，他可以评估每个亲本豌豆在后代性状遗传中的作用（见图 7-6）。

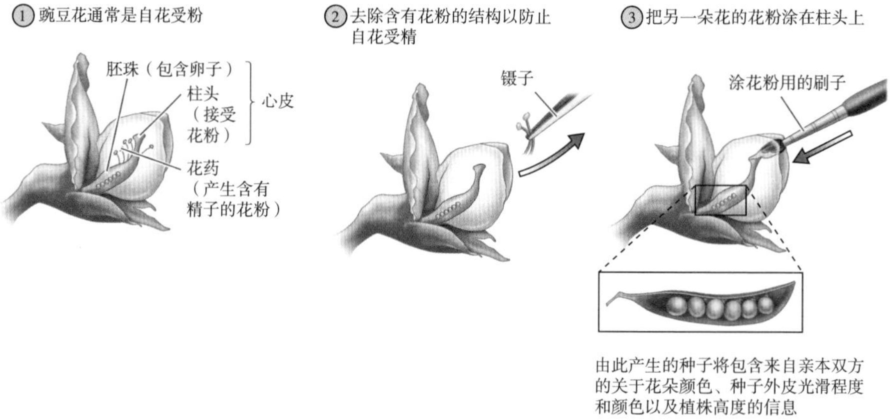

① 豌豆花通常是自花受粉

胚珠（包含卵子）
柱头（接受花粉）
花药（产生含有精子的花粉）
心皮

② 去除含有花粉的结构以防止自花受精

镊子

③ 把另一朵花的花粉涂在柱头上

涂花粉用的刷子

由此产生的种子将包含来自亲本双方的关于花朵颜色、种子外皮光滑程度和颜色以及植株高度的信息

图 7-6　豌豆和基因

注：对于孟德尔来说，豌豆是理想的研究对象，因为它们的繁殖行为容易控制，它们的生命周期只有几周，且一株豌豆可以产生很多个后代。

虽然孟德尔不了解基因的物理性质，但他能够通过仔细分析亲本豌豆及其后代的外观来确定一些性状的遗传方式。他精心设计的、合理的科学实验表明，亲本双方给后代提供了等量的遗传信息。

孟德尔在 1865 年发表了他的科学研究成果，但是他同时代的科学研究者并没有充分认识到这一研究的重要性。孟德尔最终放弃了基因研究，集中精力经营修道院，直到 1884 年去世。1900 年，三位科学家分别重新发现了他的研究成果，直到那时，孟德尔的研究成果对遗传学这门新科学的重要性才得到科学界的认可。

孟德尔所描述的遗传模式主要发生在某些由有着几个不同等位基因的单一基因决定的性状上。表 7-1 列出了孟德尔在豌豆中研究的一些性状。我们将通过观察美国一些州或所有州新生儿筛查所涉及的人类基因，来探究孟德尔所发现的原理，例如显性基因和隐性基因。

表 7-1 孟德尔研究的豌豆性状

研究的性状	显性性状	隐性性状
种子的外皮	光滑	皱缩
种子的颜色	黄色	绿色
花的颜色	紫色	白色
茎的长度	高	矮

基因型和表型

我们把个体的基因组成称为其基因型，把个体的生理特征称为其表型。一对同源染色体的每条染色体都携带了等位基因，而基因型是对某一特定基因的等位基因的描述（见图6-1）。携带一个基因的两种不同等位基因的个体或细胞称为杂合子。携带同一等位基因两个副本的个体或细胞称为纯合子。

一个个体的基因型对其表型的影响取决于他所携带的等位基因的性质。一些等位基因是隐性的，这意味着只有当显性等位基因（如下所述）不存在时，它们的影响才能被看到。例如，在豌豆植株中，编码皱缩外皮的等位基因对于编码光滑外皮的等位基因来说是隐性的。只有当种子只携带皱缩外皮等位基因而没有光滑外皮等位基因时，皱缩种子才会出现。

通常情况下，隐性等位基因是编码非功能性蛋白质的基因，具有这种等位基因的两个副本的纯合子不能产生功能性蛋白质。相反，携带一个功能性等位基因副本的杂合子具有正常的表型，因为这种情况下仍然会产生正常的蛋白质。对于有光滑外皮的豌豆，功能性等位基因所编码的蛋白质会阻止水分在种子中积累。当包含一或两个这种等位基因副本的种子处于干燥状态时，它们看起来和刚成熟时几乎一样。然而，皱缩外皮是由两个隐性的、非功能性等位基因决定的，也就是说，该种子中不存在功能性等位基因。在这种情况下，水会留存在种子里，使种子膨胀并使种皮增大。当种子干燥时，它会收缩并起皱，就像气球的表面在充气又放气后会起皱一样。

显性等位基因之所以被这样命名，是因为即使在隐性等位基因存在的情况下，显性等位基因的作用也会显现出来。在皱缩外皮种子的例子中，显性等位基因是编码功能性蛋白质的等位基因。然而，显性等位基因并不总是代表生物体的"正常"状态。有时突变会产生异常的显性等位基因，这些显性等位基因能够从本质上掩盖隐性的正常等位基因的影响。例如，以雪白皮毛、粉红色皮肤和黑色眼睛而闻名的"美国白化马"，是由阻止其毛色基因在马的发育过程中表达的等位基因造成的。因为该等位基因阻止了正常的毛色形成，即使该动物只携带一个副本，它也会产生影响。换句话说，对于正常的毛色来说，马的白化病是显性的。人类的显性性状包括脸颊上有酒窝，有 6 个手指和脚趾。

人类的遗传疾病

人类的大多数等位基因不会导致疾病或功能障碍，它们通常只是备选版本。人类群体中等位基因的多样性有助于我们在外表、生理和行为上保持多样性。然而，新生儿筛查所涉及的突变等位基因都会导致罕见且严重的疾病。而几乎所有这些基因都是隐性等位基因。

克拉伯病是一种隐性疾病。患克拉伯病的个体会逐渐失去一种被称为髓鞘的神经细胞的保护层。受影响的儿童在出生时表现正常，但随着髓鞘保护层的退化和神经信号传输的中断，他们的智力和运动技能开始逐渐退化。出生时就患有克拉伯病的孩子，大多数会在 3 年内死亡。

克拉伯病是由 *GALC* 基因突变等位基因的两个拷贝造成的。*GALC* 基因通常编码一种酶，这种酶能够降解负责产生髓磷脂（髓磷脂是髓鞘的主要成分）的细胞中积聚的特定废物。由于髓鞘不断地更新和替换，这些细胞必须在整个生命过程中发挥作用。引起克拉伯病的 *GALC* 等位基因是隐性的，因此只携带一个正常等位基因副本的人仍然可以产生上述功能性酶。然而，没有这种基因的功能性副本的个体就不会产生这种酶，因此废物就会不断积累，产生髓磷脂的细胞就会开始衰亡。由于髓磷脂的缺失会导致不同器官的多种损伤，突变的 *GALC* 等位基因被认为能够表现出多效性，即单个基因具有对个体表型产生多种影响的能力。

像克拉伯病这样的隐性疾病的杂合子被称为携带者，这些个体没有受到影响，但他们可以将性状传递给下一代。以亨特·凯利为例，他的父母都是克拉伯病基因的携带者，这是一种罕见的情况，因为这种突变只存在于 0.3% 的人口中。亨特从父母双方那里遗传了突变的 *GALC* 基因，因此他不能产生任何功能性酶。

婴儿出生时筛查的许多突变与导致克拉伯病的突变相似。也就是说，起作用的等位基因会影响功能性产物的生成。像克拉伯病一样，大多数疾病都很罕见，但也有一些筛查表上的疾病相对比较常见。例如，囊性纤维化（cystic fibrosis，CF）是欧洲人群中最常见的遗传疾病之一。在欧洲，每 2 500 人中就有 1 人患有这种疾病，每 25 人中就有 1 人的等位基因是杂合的。囊性纤维化患者的身体无法将氯离子转运到肺、肠道和其他器官的细胞内或细胞外。这种功能障碍会破坏细胞内钠离子和氯离子之间的平衡，导致细胞产生厚而黏稠的黏液层，而不是由拥有正常等位基因的细胞产生的稀而光滑的黏液层。黏稠的黏液会在肺部和消化系统积聚，因此，大多数囊性纤维化患儿都患有复发性肺部感染。大多数被诊断为患有囊性纤维化的儿童都能活到成年，但不断累积的肺损伤意味着他们的平均寿命只有 40 岁。

极少数疾病是由显性等位基因引起的。在纽约州新生儿筛查表上列出的 47 种疾病中，只有一种疾病是由显性等位基因引起的：先天性甲状腺功能减退症（congenital hypothyroidism，CH），这是由甲状腺激素分泌不足引起的一种疾病。这些激素在甲状腺中产生，能够促进能量代谢和生长。未经治疗的先天性甲状腺功能减退症患儿表现为活动水平低，生长缓慢，并且逐步发展为智力残疾。该疾病相对常见，每 4 000 人中就有 1 人受到该病的影响，但只要患者服用替代甲状腺激素，就很容易治疗。

大多数先天性甲状腺功能减退症的病例是由隐性突变引起的，但也有一小部分是由显性等位基因引起的，这种显性等位基因要么遗传自父亲或者母亲一方，要么是在发育过程中自发产生的。注意，即使个体已携带隐性突变，突变等位基因也可能自然出现，即孩子可能从携带者父亲或者母亲一方遗传了一个非功能性的副本，不幸的是，在发育的早期，从父母另一方遗传的正常的副本发生了新的突变。这比由自发显性突变引起的疾病要罕见得多，因为它是由两个独立事件而不是一个事件引起的。

能够引发先天性甲状腺功能减退症的一些基因已经得到确认，即使受影响的个体只携带其中一个基因的一个突变副本，也会出现先天性甲状腺功能减退症。*PAX8* 是导致先天性甲状腺功能减退症的一个显性基因。*PAX8* 产生的蛋白质通常与 DNA 结合，并在胚胎发育期间促进参与甲状腺生长的其他基因的转录。*PAX8* 中特定的突变会产生蛋白质，这些蛋白质会干扰而不是促进这些甲状腺特异基因的转录。因此，即使这种蛋白质有一个错误的副本，也会大大地影响甲状腺的生长和发育，以及它产生甲状腺激素的能力。新生儿筛查结果显示，血液中甲状腺激素水平较低，表明被检测儿童可能患有先天性甲状腺功能减退症。

提示新生儿筛查表上的先天性甲状腺功能减退症或任何其他疾病的可疑表

型不能提供有关被检测婴儿的基因型的明确信息，要想确定是否存在某种特定的突变，还需要对婴儿开展进一步的检测。吉姆·凯利和吉尔·凯利根本无法猜测到他们的儿子有患上克拉伯病的风险，事实上，亨特出生时，他们已经有了一个两岁的健康的女儿。为了了解亨特受到影响而他的姐姐却没有受到影响的可能性，我们可以使用一个简单但有用的工具，该工具被称为庞纳特方格。

使用庞纳特方格来预测后代的基因型

相对而言，克拉伯病和先天性甲状腺功能减退症等单基因相关性状的遗传比较容易理解。我们可以利用 1905 年英国遗传学家雷金纳德·庞纳特（Reginald Punnett）发明的一种工具，即庞纳特方格，来预测这些性状遗传的可能性。庞纳特方格是一张表格，上面列出了父母能够产生的与相关基因有关的不同种类的精子或卵细胞，可用于预测精子与卵细胞结合可能产生的结果（见图 7-7）。

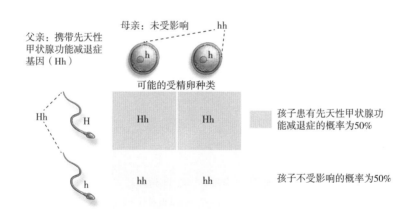

图 7-7　杂合子个体和纯合子个体之间的杂交

注：该庞纳特方格说明了一个携带显性先天性甲状腺功能减退症等位基因副本的男性和一个未受影响的女性结合的结果。

使用庞纳特方格来了解单基因遗传。凯利一家现在从基因检测中得知，吉尔和吉姆都携带了 *GALC* 基因的一个功能性等位基因和一个非功能性等位基因。我们使用一个简单的符号来表示凯利夫妇的基因型：字母 G 和字母 g。它们分别代表显性功能性等位基因（G）和隐性非功能性等位基因（g）。按照惯例，在这种表示法中，显性等位基因总是在前，因此作为携带者，吉尔和吉姆各自都具有 Gg 基因型。两个携带者之间的基因杂交可以用字母表示为：

$$Gg \times Gg$$

我们知道吉尔能产生携带 G 或 g 等位基因的卵细胞，因为减数分裂的过程将使两个等位基因彼此分离。我们将这两种类型的卵细胞标注在庞纳特方格的横轴上（见图 7-8）。吉姆也可以产生含有 G 或 g 等位基因的精子。我们把这两种类型的精子标注在庞纳特方格的纵轴上。因此，如果我们只考虑编码 *GALC* 蛋白质的基因，那么横轴和纵轴上的字母代表了亨特的父母通过减数分裂可能产生的卵细胞和精子的所有可能类型。

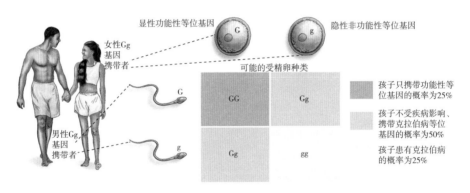

图 7-8 杂合子个体间的杂交

注：该庞纳特方格说明了当父母双方都是突变 *GALC* 等位基因携带者时，孩子患上克拉伯病的可能性。

庞纳特方格内是由这两个杂合子个体杂交生成的所有基因型。表中每个方格内的内容是由与其相对应的横向的卵细胞和纵向的精子的等位基因组合而成的。

请注意，如果结合涉及包含两个不同等位基因的单基因，有三种可能的后代类型。这种情况下，父母生出患有克拉伯病的孩子的概率是 25%，因为等位基因的 gg 组合在 4 种可能的结果中只出现了 1 次。GG 基因型也在 4 次中出现了 1 次，这意味着出现未受影响的纯合子的概率也是 25%。基因测试显示，凯利的大女儿就属于这一类。父母生出携带克拉伯病基因的孩子的概率是 1/2，因为庞纳特方格内可能的结果中有两个是未受影响的杂合子，其中一个由精子 G 和卵细胞 g 生成，另一个由精子 g 和卵细胞 G 生成。

庞纳特方格可以用来预测多种不同遗传组合的各种基因型和表型的概率。图 7-8 显示了当父母双方携带隐性基因时，生出表现显性性状孩子可能性的概率分析。

你应该注意到，每个孩子拥有特定基因型的概率都是独立的。两个携带者的每个后代受到影响的概率都为 25%。凯利的第三个孩子也是一个健康的女孩，但这不能用他们已经生育了一个患有克拉伯病的孩子这一事实来解释。第三个孩子遗传 *GALC* 基因的两个突变副本的风险与亨特相同。事实上，凯利的小女儿携带了突变等位基因的一个副本。

使用庞纳特方格来了解多基因的杂交。 吉尔·凯利经常说，亨特最引人注目的特征之一是他的绿色眼睛，比她和她丈夫的眼睛颜色都深。凯利的两个女儿都没有遗传到这种眼睛颜色，但这一巧合与亨特患有克拉伯病无关。与任何单独的性状一样，决定亨特眼睛颜色的基因是独立于 *GALC* 基因遗传的。庞纳特方格也可以帮助我们理解亨特这两种独立性状表型出现的可能性。

二元杂种杂交是涉及两种性状的遗传杂交。我们还以孟德尔研究的豌豆为例。种子的颜色和外皮是否光滑都是由单个基因决定的，并且都由不同的染色体所携带。孟德尔研究的两个决定种子颜色的等位基因在这里被标记为 Y 和 y。Y 是显性等位基因，编码可使种子为黄色的蛋白质；y 是隐性等位基因，在纯合子的情况下会使种子呈绿色。孟德尔研究的两个决定种子外皮的等位基因被命名为 R 和 r。R 是显性等位基因，编码光滑的外皮；r 是隐性等位基因，编码皱缩的外皮。

因为决定种子颜色和外皮的基因存在于不同的染色体上，它们彼此独立地存在于卵细胞和精子中。换句话说，如果一个豌豆植株的这两个基因都是杂合的，即基因型为 YyRr，可以产生四种不同类型的卵细胞：一种携带两个性状的显性等位基因，即 YR；一种携带两个性状的隐性等位基因，即 yr；一种携带种子颜色显性等位基因和种子外皮隐性等位基因，即 Yr；还有一种携带种子颜色隐性等位基因和种子外皮显性等位基因，即 yR。

与上文讨论的庞纳特方格一样，我们可以对二元杂种杂交进行分析，将所有可能的精子基因型放在方格的纵轴上，将所有可能的卵细胞基因型放在横轴上。因此，对于种子颜色和种子外皮基因都是杂合的两个个体的杂交，庞纳特方格上用 4 列代表 4 种可能的卵细胞基因型，用 4 行代表 4 种可能的精子基因型，总共有 16 个方格，描述了 4 种可能出现的不同表型（见图 7–9）。

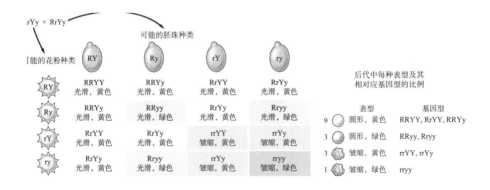

图 7-9　二元杂种杂交

注：庞纳特方格可以用来预测包含两个不同基因的杂交结果。这种杂交涉及两棵豌豆植株，决定它们的种子颜色和外皮是否光滑的基因都是杂合的。

二元杂种杂交产生的表型比例为 9：3：3：1。在这种情况下，其中 9/16 包括由两个基因至少一个以上的显性等位基因构成的基因型，即 Y_R_，下划线表示每个基因的第二个等位基因可能是显性的或者是隐性的；3/16 为仅由一个基因的显性等位基因构成的基因型，即 Y_rr；3/16 包括由另一个基因的显性等位基因构成的基因型，即 yyR_；1/16 是由只具有隐性等位基因，即 yyrr 所产生的表型。

可以想象,当庞纳特方格分析的基因数量增加时,庞纳特方格中的方框数量也会增加,可能的基因型数量也会增加。如果有两个基因,每个基因有两个等位基因,那么一个杂合子产生的独特配子的数量是4,庞纳特方格的方框数量是16,可以产生的后代的独特基因型的数量是9。如果有3个基因,每个基因有两个等位基因,那么庞纳特方格中有64个方框和22种不同的可能基因型。如果有4个基因,那么庞纳特方格中有256个方框。如果有5个基因,那么庞纳特方格将有1 000多个方框!随着我们追踪的基因数量不断增加,预测杂交产生的结果变得越发困难。

Q3 为什么A型血不能输给B型血的患者?

位于红细胞表面的特定糖类决定了人的血型。最著名的表面标记是ABO血型系统的一部分。临床医生在给人输血时必须考虑血型。接受不相容血型输血的人会对受血者红细胞中没有携带的那些糖类产生免疫反应。这些外来红细胞上的糖类会引发人体的严重反应,在这种反应中,不相容红细胞会形成凝块,阻塞血管,严重者可能使受血者死亡。表7-2显示了不同血型的人输血时可以接受的血型。

表7-2 输血兼容性

受体血型	受体能接受的血型	受体不能接受的血型
O型血	O型血	A型血 B型血 AB型血
A型血	O型血 A型血	B型血 AB型血
B型血	O型血 B型血	A型血 AB型血
AB型血	O型血 A型血 B型血 AB型血	没有

　　人体中的血型之所以不相容，是因为不同血型由多种不同的基因决定，而这些基因产生的显性等位基因的情况要远比孟德尔在豌豆性状方面发现的复杂得多。

　　孟德尔研究的豌豆性状只表达出了简单的显性和隐性关系。然而，某些基因可能产生不止一个显性等位基因，而另一些基因的显性等位基因在杂合子中的作用可能与纯合子中的作用不同。这些类型的等位基因产生的遗传模式要稍微复杂一些。

　　当杂合子的表型介于两个纯合子之间时，这种情况被称为不完全显性。金鱼草中决定花朵颜色的等位基因就是一个例子：其中的一个纯合子决定了开红色的花，而另一个纯合子可能携带两个非功能性颜色基因副本，决定了开白色的花；杂合子携带一个编码红色的等位基因和一个编码白色的等位基因，开出了粉红色的花朵。

　　在美国各州的新生儿筛查表上还列有一种疾病——镰状细胞性贫血，与该疾病相关的等位基因亦表现为不完全显性。该疾病中的突变发生在编码蛋白质血红蛋白的基因中，血红蛋白是红细胞中携带氧气的蛋白质。在氧分压下降时，突变的血红蛋白分子会聚集在一起形成长链，从而使细胞扭曲成镰刀状，导致它们堵塞体内的小血管（见图 7-10）。拥有两个突变等位基因副本的个体会患有镰状细胞贫血。当病症出现时，患者会感觉身体虚弱、痛苦。长期来看，镰状细胞性贫血的反复发作会导致器官的严重损伤。

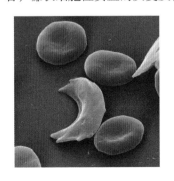

图 7-10　镰状细胞性贫血

注：显微照片中镰状的红细胞是携带氧气的蛋白质血红蛋白的突变产物。这些镰状细胞不灵活，因此被困在小血管中，而图中的圆形细胞可以很容易地穿过小血管。

镰状细胞的等位基因被描述为不完全显性，因为该等位基因仍能产生正常蛋白。平均来说，携带者体内一半的血红蛋白分子是突变型的。在低氧状态下，携带者可能会出现血红蛋白分子结块和镰状细胞贫血症状，因此突变等位基因不是完全隐性的。镰状细胞等位基因在人群中的分布将在第 13 章中讨论。

在某些情况下，杂合子的表型实际上是两个完全表达的性状的结合，而不是混合。这种一个基因的两个不同等位基因同时在同一个体身上表达的现象被称为共显性。例如，在牛身上，编码红色毛发的等位基因和编码白色毛发的等位基因都在杂合子中表达。这些个体斑驳的皮毛由数量大致相等的白色毛发和红色毛发混合构成。目前纽约州新生儿筛查测试中没有一种疾病是由共显性等位基因引起的，然而在一些婴儿的血液样本中，共显性是明显存在的。

位于红细胞表面的特定糖类决定了婴儿的血型。最著名的表面标记是 ABO 血型系统的一部分。ABO 血型系统展现了复等位性，当群体中一个基因有两个以上的等位基因时就会发生这种情况。一个血型基因的三个不同的等位基因编码了合成红细胞表面的糖类的酶。这三个等位基因中的两个相互表现为共显性，另一个等位基因对前两个等位基因来说是隐性的。

图 7-11 总结了 ABO 血型系统可能的基因型和表型。这一系统中的三个等位基因分别是 I^A、I^B 和 i。尽管整个人类群体中有三个等位基因，但是一个特定的个体只携带两个等位基因。换句话说，一个人可能携带 I^A 和 I^B 等位基因，另一个人可能携带 I^A 和 i 等位基因。

用来表示这些不同血型基因的符号可以帮助我们了解一些它们的影响。小写的 i 等位基因对 I^A 和 I^B 等位基因来说都是隐性的。因此，具有 $I^A i$ 基因型的婴儿是 A 型血，而具有 $I^B i$ 基因型的婴儿是 B 型血。一个只有隐性等位基因，即 ii 基因型的新生儿为 O 型血。I^A 和 I^B 等位基因是共显性的，因为这两种糖类都存在于红细胞表面。因此，基因型为 $I^A I^B$ 的婴儿为 AB 型血。

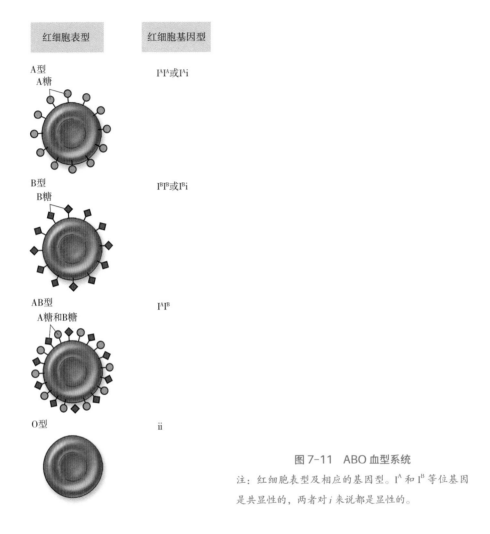

图 7-11 ABO 血型系统

注：红细胞表型及相应的基因型。I^A 和 I^B 等位基因
是共显性的，两者对 i 来说都是显性的。

Q4 为什么患有红绿色盲的男性比女性多？

红绿色盲，即视觉上无法区分红色和绿色，是 X 连锁性状的一个
例子，这种疾病影响了约 8% 的男性和不到 1% 的女性。什么是 X 连锁
性状呢？

在男性或女性中有一种常见的疾病被称为伴性性状。由于它们位于一条性染色体上，所以其中的一些性状有遗传基础。男性只有一个X染色体的事实意味着它们只有一个X连锁基因的副本；因此，男性更容易受到X染色体上的隐性等位基因导致的疾病的影响，红绿色盲就是其一。

除了黄绿色盲，还有一些疾病也与X染色体上的基因相关联，想要深入研究这种关联，还要从了解染色体在决定性别方面的作用开始。

性别决定和X连锁

人类细胞中存在的23对染色体中有22对是常染色体或称非性染色体，1对是性染色体。性染色体因其细胞分裂时在显微镜下所观察到的形状而命名：X染色体比Y染色体更大且携带更多的基因。男性有22对常染色体以及1个X染色体和1个Y染色体。女性也有22对常染色体，但她们的性染色体由2条X染色体构成。

X染色体和Y染色体通过被称为性别决定的过程来决定个体的性别。男性产生的精子包含22个不成对的常染色体，以及1个X染色体或者1个Y染色体。女性也会产生带有22个不成对的常染色体的配子，但卵细胞中的性染色体总是2条X染色体中的1条。因此，精子决定了人类后代的遗传性别。如果携带X染色体的精子与卵细胞结合，生出的孩子将是女性（XX）；如果携带Y染色体的精子与卵细胞结合，生出的孩子将是男性（XY）。

人类Y染色体上的50～60个基因中有 *SRY* 基因，即Y染色体性别决定区。在怀孕8周左右，这种基因的表达会引发一系列事件，导致男性的性器官睾丸的发育。在没有 *SRY* 基因的情况下，胚胎将发育成女性。并非所有的动物都有和人类一样的性别决定系统，如表7-3所示。

表 7-3　某些动物的性别决定方式

生物体种类		性别决定机制
部分脊椎动物（两栖动物、部分爬行动物、鸟类）和鳞翅目昆虫		在一些脊椎动物中，雄性有两条相同的染色体，而雌性有两条不同的染色体。在这种情况下，雌性决定了后代的性别
线虫、乌龟、扬子鳄等		在许多物种中，具有同一套性染色体的两个生物体可能会变成不同的性别。性别取决于在胚胎发育过程中哪些基因被激活。例如，乌龟、鳄类的性别是由蛋的孵化温度决定的
胡蜂、蚂蚁和蜜蜂		蜜蜂的性别是由受精与否决定的。雄性，即雄蜂，由未受精的卵发育而成。雌性，即工蜂和蜂王，由受精卵发育而成
硬骨鱼类		某些硬骨鱼类在成熟后会改变自身的性别。所有的个体都将成为雌性，除非它们被社会信号所偏离，比如展示统治地位
蚯蚓		蚯蚓同时拥有雄性生殖器官和雌性生殖器官，这种现象被称为雌雄同体

　　纽约州新生儿筛查项目只检测一种 X 连锁疾病，即肾上腺脑白质营养不良（adrenoleukodystrophy，ALD）。ALD 的病因和症状与克拉伯病有相似之处，即因缺失某种酶导致的废物堆积，破坏大脑中产生髓磷脂的细胞，导致功能进一步受损。患有 ALD 的男孩在出现症状后很少能活过 10 年。

　　大多数携带 ALD 等位基因的女性甚至在她们的儿子被确诊之前都不会意识到自己是该等位基因的携带者（见图 7-12a）。患有 ALD 的男性总是而且只会将 ALD 等位基因遗传给他们的女儿，而女儿又将其遗传给她们的儿子（见图 7-12b）。

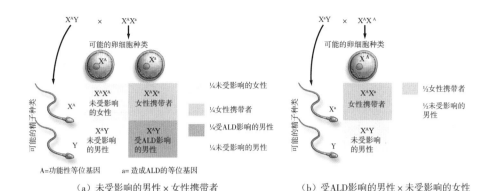

（a）未受影响的男性 × 女性携带者　　（b）受ALD影响的男性 × 未受影响的女性

图 7-12　X 连锁性状的遗传杂交

注：（a）图显示了未受影响的男性和女性 ALD 基因携带者产生后代的可能结果和概率；（b）图显示了受 ALD 影响的男性和未受影响的女性产生后代的可能结果和概率。

谱系

我们如何知道 ALD 与 X 染色体上的基因相关联呢？随着医学文献中病例报告的不断积累，这些基因的性联锁遗传日渐受到关注。1981 年，人们利用谱系图追踪 ALD 的家族谱系，从而确定了与它相关的基因位置。

谱系是一种家谱，可用于追溯某种遗传性状在多代亲缘关系中的延续。这一工具被用于研究人类遗传学，因为人们无法在人类之间建立受控的杂交，就像在果蝇和植物中所做的那样。谱系能够让科学家通过分析已经发生的婚配关系来研究遗传。图 7-13 展示了科学家如何利用谱系来确定某一性状是常染色体显性遗传还是隐性遗传。

图 7-14 是证实 ALD 为 X 连锁疾病的 ALD 谱系的摘录。从该谱系中你能看到，携带 X 染色体隐性致病基因的女性不会表现出对应的隐性性状，但她们可以将这种致病基因遗传给后代。由于这个原因，携带导致 ALD 的突变等位基因的大多数女性甚至在她们的儿子患病前都不会意识到自己是该基因的携带者。

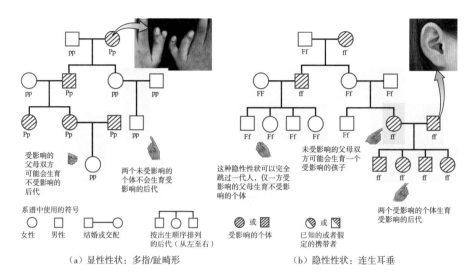

图 7-13 展现不同遗传方式的谱系

注：（a）多指（趾）畸形是显性遗传性状，患有这种疾病的人有多余的手指或脚趾；（b）下垂耳垂是一种隐性遗传性状。

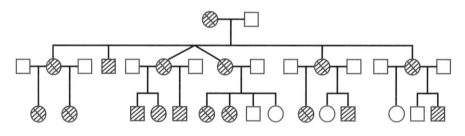

图 7-14 ALD 谱系

注：图中总结的谱系有助于人们证实 ALD 是一种 X 连锁疾病。

　　谱系还可以揭示出影响性状遗传的其他因素，并非所有拥有特定疾病等位基因的个体都会表现出这种疾病。我们将在第 8 章详细探讨基因表达的限制问题。

　　ALD 和克拉伯病都有可能通过移植非亲缘供体的脐带血细胞这一方式来

治疗。移植的细胞可以"接管"正常酶的产生过程，从而防止产生髓磷脂的细胞里危险废物的积聚。但是医生必须在患者出现症状前进行这种治疗，因为这些症状是不可逆损害的征兆。移植手术并非没有风险。在 2006 年至 2014 年间，通过纽约州的新生儿筛查确诊为克拉伯病而进行这种手术的 4 个新生儿中有 2 个死于手术。另外 2 个婴儿的手术结果好坏参半：一个婴儿基本上没有症状，但是另一个婴儿仍然经历了由突变引起的神经系统退化，并且严重残疾。

ALD 的症状比克拉伯病的症状更多变，且出现时间通常较晚，那时患病的孩子也许能更好地耐受脐带细胞移植。因此，筛查 ALD 比筛查克拉伯病有更明确的益处。所以，美国国家审查小组建议将 ALD 列入新生儿筛查项目。目前看来，美国只有少数几个州要求对导致亨特·凯利死亡的克拉伯病进行检测。

要点回顾
BIOLOGY : SCIENCE FOR LIFE >>>

- 尽管人体内几乎所有细胞都包含完全相同的遗传信息,但各类细胞"读出"的基因却是不同的。同样的基因在两类不同的细胞中表达,它们的产物也可能有非常不同的影响。

- 在自由组合过程中,非等位基因随机进入配子中,它们彼此独立,这意味着每个配子中的遗传信息子集都是唯一的。

- ABO 血型系统显示了复等位性(内含 I^A、I^B 和 i 等位基因)和共显性,并且 I^A 和 I^B 相对 i 为显性。

- 与性染色体相关的基因展现出遗传的特有模式。男性可能因携带一个隐性的 X 染色体致病基因而显示相关的表型。女性在携带一个 X 染色体隐性致病基因时不显示相关表型,但可能将该基因遗传给他们的儿子。

BIOLOGY
SCIENCE FOR LIFE

08

遗传学可以帮助侦破犯罪吗?

妙趣横生的生物学课堂

- 为什么目击者的证词大多不靠谱?
- 有些人生来就带有犯罪的倾向?
- 为什么 DNA 图谱鉴定如此强大?

1987 年，罗纳德·科顿（Ronald Cotton）被判犯有强奸罪，并被判处终身监禁。对科顿的指控似乎很明确，被袭击的受害者作证说，她"100% 确定"科顿就是袭击者。科顿坚决否认，强调自己不是罪犯，他的案子最终受到了美国"无辜计划"的关注。"无辜计划"是一个成立于 1992 年的组织，旨在"释放众多被监禁的无辜者，并改革使无辜者遭受不公正监禁的制度"。在该组织的帮助下，科顿被判无罪，并于 1995 年释放。令人意想不到的是，科顿原谅了指控他的人，并与她和"无辜计划"合作，倡导改革，以防止未来出现的不公正现象。

美国国家无罪释放登记处的数据显示，在美国被判处死刑的被告中，有 4.1% 的人后来被改判无罪。与其他类型的刑事案件相比，死刑案件会受到法律界更多的审查。如果因其他类型犯罪被误判的人数接近 4%，这意味着有成千上万的美国人因为他们没犯的罪行被监禁。在最终被判无罪的囚犯被释放时，他们平均已在监狱里被囚禁了 14 年之久。

冤假错案不仅会伤害被错误定罪的人，更让真正的罪犯逍遥法外，他们可能会随意伤害他人。

为什么有那么多的人被误判？部分原因在于目击者的证词本身就存在缺陷。

此外，警察、检察官、法官和陪审团的主观判断也可能产生影响。正如那些在"无辜计划"的帮助下被无罪释放的囚犯所知道的那样，生物学能帮助人们揭示真相。

本章内容，将带你走进复杂的遗传性状、遗传率和 DNA 图谱鉴定的世界，一起了解基因、环境与犯罪行为之间的关系，以及科学家们如何用生物学分析冤假错案。

Q1 为什么目击者的证词大多不靠谱？

科顿案件的误判归因于不靠谱的证词。当年，目击者从站成一排的人中指认了科顿，部分原因是目击者根据科顿鼻子的大小和形状做出了选择。但实际上，科顿的鼻子比真正的强奸犯的鼻子更长、更窄。

虽然目击者的证词可能产生错误，法庭可以根据目击者的证词对嫌疑人定罪。这些证词通常依赖于目击者能看到的嫌疑人的生理特征，比如眼睛颜色、肤色和身高。这些性状并不表现为孟德尔在豌豆实验中研究的简单的"开关模式"，即由一个基因决定的离散表型，例如表皮光滑的种子与表皮皱缩的种子；相反，这些性状在种群中展现出大范围的表型。在某种程度上，这是因为这些复杂的性状受到多个基因的影响。

也就是说，某一性状可以出现在很多人的身上，比如说与罪犯同样形状的鼻子。要想更加科学地分析目击者证词，就需要从生物学的角度一起了解复杂的性状。总体来说，复杂的性状受到多个基因的影响。

多基因性状

受一个以上基因影响的性状被称为多基因性状。人类眼睛的颜色是多基因性状的一个例子，因为至少有 2 个基因（也可能多达 15 个基因）决定了眼睛颜色这一性状。尽管科学家还没完全了解决定眼睛颜色的所有遗传因素,但可以明确的是,至少有一个基因与棕色黑色素的产生有关,还有一个基因与黑色素分布到虹膜有关。当这些基因和其他相关基因的不同等位基因相互作用时,人类就会表现出不同的眼睛颜色,从深棕色(含有大量的黑色素)到淡蓝色(含有非常少的黑色素)都有。

证词中说某人有蓝色眼睛,这并不能准确确定有蓝色眼睛的人是谁。原因有几个。首先,许多人的眼睛都是蓝色的;其次,在所有这些基因的叠加效应之下,即便是蓝色眼睛,也有多种不同的深浅色调。

一些影响眼睛颜色的基因,包括上述与黑色素的产生和分布有关的基因,也会影响皮肤的颜色,因此,这一性状也表现出很多变异(见图 8-1)。识别一个人的肤色比识别其眼睛颜色要困难得多。在美国,被认定为"黑人"的人,不同个体之间的肤色也存在差异。

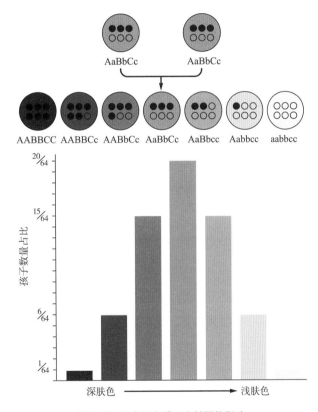

图 8-1　肤色至少受三个基因的影响

注:人的肤色是由什么决定的?一个假说提出了肤色由三个基因决定,其中每个基因都有两个等位基因。如果这一假说是正确的,那么人类将有多种肤色。但正如我们从眼睛颜色的例子中看到的,这一解释并不能完全令人信服。在遗传方面,决定肤色的基因除了具有叠加效应的三个基因,一定还有其他基因,因为我们在人类身上看到了七种以上不同的肤色。

科学家提出，人们识别与自己肤色不同的人可能存在一定的困难。最近一篇涉及 39 项研究和 5 000 多名参与者的荟萃分析表明，人们识别同一种族的人比识别被归类为不同种族的人要准确得多（见图 8-2）。当目击者和行凶者有着不同肤色时，这种现象会对目击者证词产生不利的影响，就像科顿和他的案件中的目击者一样。

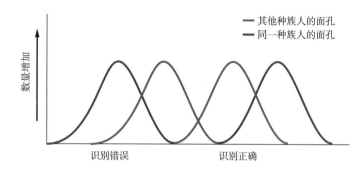

图 8-2　识别同一种族和其他种族人的面孔

注：这项荟萃分析的数据显示，当识别错误时，多数情况是因为识别者与被识别者来自不同的种族；而识别正确时，多数情况是因为识别者与被识别者来自同一种族。

当然，基因并不是影响肤色的唯一因素，环境也可以暂时改变肤色。暴露在阳光下会导致皮肤变黑，因为皮肤中的黑色素分布会发生变化，并且皮肤表面会生成更多的黑色素，这样能保护细胞免受紫外线的伤害。

数量性状

多个基因与环境相互作用，由这种共同作用所决定的性状叫作数量性状。以身高为例，一个人的身高是由他的遗传基因和环境条件，例如童年时期的营养摄入情况，共同决定的。因此，对于某一特定个体来说，一系列的特定基因不一定能使其达到某一确切的身高。而实际情况是，由于特定的环境使一系列基因得以表达，该个体才能达到某个身高。换句话说，该个体所处的环境不同，能达到的身高也不同。

当某个性状由许多不同的基因控制时，在一个种群中产生的不同表型的范围被称为连续变异，这在图 8-3 上可以清楚地看到。这些数据呈钟形分布，即呈正态分布。图 8-3a 说明了某大学班级学生的身高呈正态分布。图上每个学生都处于与其身高数据对应位置上，横坐标表示身高。将这些数据连接在一起，便形成了一条钟形曲线。

钟形曲线包含两个重要信息。第一个信息是曲线上的最高点，它通常对应数据的平均数或平均值。平均值的计算方法是将种群中某一性状的所有值相加，再除以该种群的个体数量。第二个信息是钟形曲线的宽度，宽度说明了一个种群的变异性。变异性用方差来描述，方差本质上是总体中任何一个个体的值与平均值之间的平均差距。如果一个性状的方差小，表明该种群的个体间差异小；如果一个性状的方差大，则说明该种群的个体间差异大（见图 8-3b）。

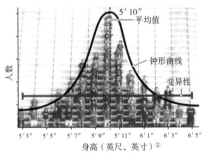

（a）某大学班级学生身高的正态分布

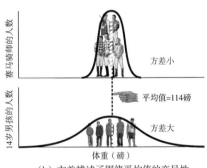

（b）方差描述了围绕平均值的变异性

图 8-3　身高是一个数量性状

注：（a）学生们的身高数据呈现正态分布。钟形曲线的最高点 5'10″ 即 5 英尺 10 英寸（1.78 米）是这些学生的平均身高。（b）14 岁男孩和职业赛马骑师的平均体重相同——大约 114 磅（51.7 千克）。然而，要想成为一名赛马骑师，你的体重必须在与平均体重相差 4 磅（1.8 千克）的范围内。因此，赛马骑师体重之间的方差远小于 14 岁男孩体重之间的方差。

如果群体中某一性状的方差较小，那么说明该群体的许多个体在该性状上

---

① 1 英尺 ≈ 0.304 8 米，1 英寸 = 0.025 4 米。

——编者注

较为相似，这就使得目击者的证词没有太大的用处。但是如果某一性状在群体中的方差较大，也会带来一定的麻烦，因为专注于一个看似不常见的特征也许会导致目击者错过其他重要的特征。科顿的冤案就是如此导致的。

因为个体之间的身高变化是连续的，因此目击者很难准确地估计嫌疑人的身高。为了克服这种困难，现在许多商店在门框上安装了身高条，目的是帮助店员更准确地估计逃跑的抢劫犯的身高。

正如我们所看到的，使用连续变异的数量性状来识别，这使目击者准确识别嫌疑人变得更为困难。根据"无辜计划"所收集的数据，大约 70% 的免罪者当初是由于目击者的错误指认而被定罪的。

Q2 有些人生来就带有犯罪的倾向？

当科顿的原告第一次面对站成一排的嫌疑人时，她并不确定是谁强奸了她。回想起来，她最初的不确定是合理的，因为真正的罪犯甚至都不在她眼前的这些男人中。但她知道，她已经从一张嫌疑人的面部照片中认出了一名男子，她认为自己需要从队列里的男子中选出那个人。她最终选择科顿是因为他的举止。在后来的一次采访中，她说："他的态度非常傲慢和自以为是，这对我最终认定他是强奸犯起了很大作用。"她表达了一种令人震惊的普遍态度，即我们能从外表"认出"一个罪犯。

有观点认为，外表与个性特点相关，心理学家和人类学家则在不定期地检验这种观点。这项研究极具争议性，因为它暗示着这些特点中存在着与生俱来的部分。毕竟，人的外貌在很大程度上是由遗传因素决定的，如果一种特定的外貌与一种特定的行为有关，那么该行为也一定具有遗传性。因为犯罪相关行为在整个群体中都可能出现，所以它也是数量性状的一个例子。大多数人会认为环境因素对犯罪行为的发展有影响。但我们如何通过计算了解先天与后天的关系，尤其是那些与犯罪有关的基因呢？

研究先天与后天

为了确定基因在决定任一数量性状中的作用，科学家们计算了性状的遗传率。研究人员利用具有不同程度遗传相似性的个体之间的相关性，来估计大多数种群的遗传率。当一个相关个体的某一性状的测量值已知时，相关性决定了预测个体性状的测量值的准确度。例如，图 8-4 显示了鸟类亲代和子代对破伤风疫苗反应强度的相关性。反应强烈的个体体内产生了大量的抗破伤风蛋白，也被称为抗体，而反应较弱的个体体内产生的抗体量较少。

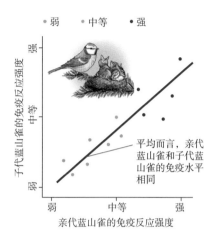

• 弱　• 中等　• 强

子代蓝山雀的免疫反应强度（弱—中等—强）／亲代蓝山雀的免疫反应强度（弱—中等—强）

平均而言，亲代蓝山雀和子代蓝山雀的免疫水平相同

图 8-4　利用相关性计算遗传率

注：欧洲蓝山雀的亲代和子代的免疫系统反应强度密切相关，这表明免疫反应强度具有高遗传率。图中的点代表免疫反应强度的成对亲代－子代蓝山雀。

从图 8-5 中可以看出，对破伤风疫苗反应弱的亲代鸟类倾向于生出反应弱的后代，反应强的亲代鸟类倾向于生出反应强的后代。这种强烈的相关性表明，对破伤风疫苗的反应能力具有高遗传率，即鸟类之间免疫系统反应的大部分差异是由遗传差异造成的。

人类的遗传率也可以用类似的方法进行测量。研究可以计算出父母与子女或兄弟姐妹间在某一特定性状上的相似性或差异程度。当对整个群体进行研究时，可以利用相关性的强度来测量遗传率。然而，父母和与他们一起生活的孩子通常在相似的社会、经济环境中生活。因此，仅依据这两个群体之间犯罪行为的相关性，我们无法区分是基因更重要还是环境更重要。这是大多数关于"先天与后天"的争论中都存在的问题，即孩子像他们的父母是因为他们"生来如此"，还是因为他们"经后天培养"所形成的。

为了避免父母和子女之间存在环境和基因重叠的问题，研究人员尝试着寻找去除其中一种或另一种因素的情况。这些情况被称为自然实验，因为即使没有研究人员的干预，其中一个因素也是"自然"受控的。人类双胞胎是自然实验的受试群体之一，用来检验有关人类数量性状遗传率的假设。

同卵双胞胎也被称为单卵双胎，因为他们由一个受精卵发育而来，这个受精卵是一个卵细胞和一个精子结合而产生的。回想一下，在受精后，受精卵生长和分裂形成胚胎，胚胎由包含相同遗传信息的许多子细胞组成。当胚胎中的细胞彼此分离时，就会发生单卵双生。如果这种情况发生在发育早期，每个细胞或细胞群都能发育成一个完整的个体，就会产生双胞胎（见图 8-5a）。在罕见的情况下，甚至会产生携带相同遗传信息的三胞胎或四胞胎。

与同卵双胞胎不同的是，异卵双胞胎（也称异卵双胎）是由两个单独的卵细胞与不同的精子融合而产生的。这些双胞胎被称为双卵双胎，尽管他们同时发育，但他们的基因相似性与在不同时间出生的兄弟姐妹的基因相似性不相上下（见图 8-5b）。在人类群体中，产生异卵双胞胎的概率是 1/80，而产生同卵双胞胎的概率仅为 1/285。

通过比较单卵双胎和双卵双胎中遗传性状的普遍状况，研究人员可以将共同基因的影响与共同环境的影响区分开来。因为在同一个家庭里长大的双胞胎有着相似的童年经历，所以人们可能会认为，单卵双胎和双卵双胎之间真正的唯一区别是他们的基因相似性的差别。

科学家利用自 1961 年以来收集的瑞典人口的庞大数据库，汇总了双胞胎数据来估计犯罪行为的遗传率。不同类型双胞胎之间犯罪行为的相关遗传率为 0.55。换句话说，根据这一估计，55% 的人类犯罪行为差异是由基因型的差异导致的。

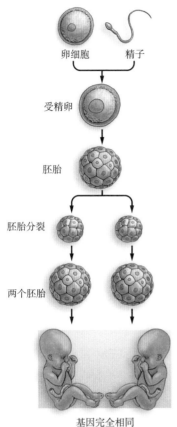

基因完全相同

（a）单卵（同卵）双胎

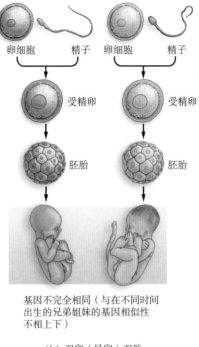

基因不完全相同（与在不同时间
出生的兄弟姐妹的基因相似性
不相上下）

（b）双卵（异卵）双胎

图 8-5 双胞胎的形成

注：（a）单卵双胎经由一次受精形成，因此在基因
上是相同的。（b）双卵双胎是经由两次独立受精形
成的，所形成的两个胚胎的基因相似性与在不同时
间出生的兄弟姐妹不相上下。

    所以，如果犯罪行为由重要的遗传因素决定，并且外表也由遗传因素决
定，那么也许这些基因中的一些对犯罪行为和外表这两种性状都有影响，因此
有可能通过外表"看见"犯罪倾向。实际上，支持这一观点的数据非常少。例
如，脸部宽度这一性状被假设与暴力倾向相关，然而，最近的一项研究通过观
测密歇根州惩教署罪犯面部照片中的面部特征发现，暴力罪犯和非暴力罪犯的
脸部宽度并没有区别。此外，在解释关于遗传率的信息时，特别是在解释具有
重要社会后果的行为等性状时，保持谨慎的态度是十分重要的。

遗传率的使用与滥用

计算得出的遗传率值，无论对于测量遗传率的群体还是该群体所处的环境来说，都是独一无二的。人们应该明智地使用遗传率来衡量基因对性状发展的普遍重要性。下文将说明其中的原因。

群体之间的差异也许完全是由环境造成的。一个思维实验可以帮助说明这一点。生活在实验室里的小鼠，它们的体重严重受遗传的影响，计算出的遗传率约为 90%。在体重存在差异的小鼠种群中，体型较大的小鼠会生出体型较大的后代，体型较小的小鼠会生出体型较小的后代。

想象一下，我们将同一种群的不同小鼠随机分为两组，其中一组给予丰富的食物，而另一组给予较少的食物。除此以外，两组小鼠待遇相同。正如你所预测的，不管它们的遗传倾向如何，有丰富食物的小鼠会变胖，食物匮乏的小鼠会变瘦。试想一下，如果我们让小鼠继续生活在原有的两种环境下，并允许两组小鼠各自繁殖，结果会如何呢？不足为奇的是，食物丰富的小鼠的下一代比食物匮乏的小鼠的下一代体重重得多。现在想象一下，有一位研究人员在对这两组小鼠进食状况不了解的情况下对它们进行了研究。由于该研究人员知道体重具有高遗传率，他可能会从逻辑上得出如下结论：这两组小鼠在基因上是不同的。然而，我们知道情况并非如此，这两组小鼠是相同原始种群的后代，不同的是这两个群体所处的环境。

现在，把同样的思维实验延伸到人类群体中。假设我们的实验对象是两组人，并且我们已经确定犯罪行为具有高遗传率。在这种情况下，一组人家境富裕，他们的平均犯罪率较低；而另一组家境贫穷，他们的平均犯罪率较高。关于这两组人的基因差异，你能得出什么结论？我们无法从中得出关于基因差异的任何结论。与实验室的小鼠一样，这些差异可能完全是由环境造成的。犯罪行为的高遗传率并不能告诉我们，生活在不同社会环境中的两个人类群体，他们的犯罪行为的差异是由基因差异还是由环境差异导致的。

　　随着对表观遗传学的了解不断深入，科学家们逐渐认识到环境在基因表达中所起的作用比他们曾经预测的要大得多。2003 年，杜克大学的兰迪·杰托（Randy Jirtle）博士对环境在基因表达中的作用进行了详细描述，他的描述令人信服。他证明了一种被认为"天生"拥有肥胖基因、长有黄色毛皮的雌性刺鼠，只需摄入某些食物，就可以被诱导生出并不肥胖、长有棕色毛皮的后代。这些食物具有导致甲基侧基附着在 DNA 片段上的特性，进而影响基因表达（见图 8-6）。基因本身不会改变，但当甲基附着在基因上时，基因表达就会发生改变。

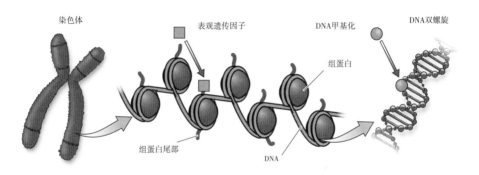

图 8-6　表观遗传效应的物理性质

注：染色体中的 DNA 被一种叫作组蛋白的蛋白质裹着，附着在这些组蛋白尾部的表观遗传因子可能促进或抑制附近的基因表达。甲基直接附着在 DNA 链上被称为 DNA 甲基化，它可以在数代个体身上持续"开启"或"关闭"一个基因。

　　有趣的是，表观遗传标记的模式可以从亲代传给子代。换句话说，拥有一套特定甲基化基因的亲代将会把这种模式遗传给子代。

　　一个具有高遗传率的性状仍然会对环境的变化做出反应。一个性状具有高遗传率，这似乎意味着该性状不受环境条件的强烈影响。然而，科学家证明，其他动物的某些数量性状既具有高遗传率，又会受到环境的强烈影响。

　　通过人为训练可以使大鼠具备玩迷宫游戏的能力，研究人员已经训练出了"迷宫聪明"大鼠和"迷宫迟钝"大鼠。在实验室环境中，玩迷宫游戏的能力具有高遗传率。也就是说，迷宫聪明大鼠会生出聪明的后代，而迷宫迟钝大鼠会生出迟钝的后代。研究人员做了一项测定在不同环境下长大的迷宫聪明大鼠和迷宫迟钝大鼠所犯的错误次数的实验，实验结果如表 8-1 所示。

表 8-1　不同大鼠在不同环境下玩迷宫游戏的表现

表型	错误次数		
	正常的环境	受限的环境	丰富的环境
迷宫聪明大鼠	115	170	112
迷宫迟钝大鼠	165	170	122
对实验结果的解释	在玩迷宫游戏时，迷宫迟钝大鼠比迷宫聪明大鼠犯的错误次数多	在玩迷宫游戏时，两组大鼠犯的错误次数相同	在玩迷宫游戏时，两组大鼠犯的错误次数都更少。迷宫迟钝大鼠进步最为显著

在典型的实验室环境中，聪明的大鼠比迟钝的大鼠更擅长玩迷宫游戏。但无论是在非常枯燥或受限的环境中，还是在非常丰富的环境中，两组老鼠玩迷宫游戏的表现都相差无几。事实上，没有一只老鼠在受限的环境中表现出色。所有的老鼠在丰富的环境中都表现得更好，其中迟钝的老鼠进步最为显著。

这个例子表明，我们无法预测一个性状会对环境变化做出怎样的反应，即使这个性状具有高遗传率。

遗传率并不能告诉我们为什么两个个体存在差异。一个性状的高遗传率通常被认为是指两个个体之间的差异主要是由他们的基因差异造成的。然而，即使基因可以解释特定环境里 90% 的种群变异，个体间存在差异的原因也可能完全是因为环境的作用（见图 8-7）。例如，我们目前还无法确定某一特定个体反社会行为的出现是由于基因、恶劣的环境，还是由这两

（a）　　　　（b）

图 8-7　环境与基因的影响

注：这对同卵双胞胎的基因型完全相同，但由于环境因素，她们的外表有很大差异。这对双胞胎中，（b）图的女士终身吸烟且经常暴露于阳光下，（a）图的女士从不吸烟且暴露于阳光下的时间相对较少。

种因素的某种组合而造成的。

内隐偏见

外表与行为之间没有可靠的相关性，大多数罪犯也不可能是生来如此。同样重要的是我们要认识到，大脑在这些问题上一直在欺骗我们。也就是说，我们都已形成了一些潜意识框架，这些框架仅基于我们的实际观察来影响我们对他人的感觉。这个框架是在我们的一生中通过接触直接和间接的联系而发展起来的，这是大脑运行的一个捷径。这种捷径其实是很有道理的，例如，我们的祖先经常不得不根据细微的线索，对某个地点的安全性做出快速判断。他们从自身经验和他人的共同经验中学习寻找线索。这种潜意识的框架被称为内隐偏见。在我们对他人进行判断时，内隐偏见表现为我们下意识产生的刻板印象（见图 8-8）。

图 8-8　对内隐偏见的测试

注：研究参与者的内隐偏见水平可以通过计算机关联测试来测量。电脑屏幕上闪现的内容属于彼此刻板关联的类别或属性。参与者点击两个按键中的一个，就可以对任何图像进行分类。该测试可以用来检验人们具有任何刻板印象。在某些情况下，将"女人"、"男人"分别与"事业"、"家庭"联系在一起。如果参与者对其中的关系有内隐偏见，当图上显示的关系与参与者的内隐偏见相反时，他们将需要稍长的时间才能按下正确的按键。

即使我们没有像科顿案的原告那样明确地表达出来，我们也都有内隐偏见，它影响着我们对罪犯"长什么样子"的判断。无论我们在生活中是否遇到过暴力罪犯，内隐偏见都会起作用，而且它显然会像在冤假错案中那样发挥一定的影响。

Q3 为什么DNA图谱鉴定如此强大？

1984年，厄尔·华盛顿（Earl Washington）被指认称其在弗吉尼亚州强奸并谋杀了一名年轻女子，因而被定罪并判处死刑。10多年后，人们将他的DNA与犯罪现场的精液里的DNA进行了比对，DNA图谱鉴定显示，厄尔·华盛顿的DNA与犯罪现场精液中发现的DNA不符。2000年，华盛顿出狱后，警方对另一名男子进行了DNA图谱鉴定，结果显示该男子的DNA与犯罪现场精液中发现的DNA相匹配，此人后来承认了自己的罪行。

在"无辜计划"帮助下获得免罪的数百个案件中，大多数依靠的是DNA证据。DNA证据十分强大，因为它能明确地识别个体，而不像目击者的描述那样主观，也不受内隐偏见的影响。DNA图谱鉴定到底运用了哪些神奇的生物学原理呢？让我们继续更深入地了解。

DNA图谱鉴定

DNA图谱鉴定是一种利用DNA序列的差异来精准识别个体身份的技术。当这项技术首次投入使用时，它被称为DNA指纹分析，因为它可以像真正的指纹识别技术一样帮助识别个体。然而，因为这项技术不仅限于帮助识别个体，所以科学家们又将DNA指纹识别改称为DNA图谱鉴定。

就像所有的DNA图谱鉴定案例一样，在厄尔·华盛顿的案例中，人们也只对一小部分的 DNA 进行了检测，这比分析细胞中所有的 30 多亿个 DNA 碱基对效率更高。科学家们研究了所有人类都携带的 13 个短串联重复序列（short tandem repeat，STR）。STR 由相邻重复的短 DNA 序列（约 4 或 5 个碱基）组成，它们分布在所有染色体的基因编码序列之间。这 13 个位点通常被用于 DNA 图谱鉴定，因为它们在不同人中的重复次数不同。例如，在特定染色体的特定位置，厄尔·华盛顿也许有 2 个 GATC 重复序列。而在相同的染色体位置，真正的强奸犯也许有 5 个这样的重复序列。

对于一个特定的 STR，例如 GATC，携带 1 个重复序列（GATC）、2 个重复序列（GATCGATC）、3 个重复序列（GATCGATCGATC）以及更多重复序列的情况在人类种群中的百分比目前也已由研究得出。

聚合酶链反应

在进行 DNA 图谱鉴定时，往往需要使用较多的 DNA，简单地从嫌疑人身上或从犯罪现场遗留的物质中提取到的 DNA 量并不够。在这种情况下，DNA 需要通过聚合酶链反应（polymerase chain reaction，PCR）过程扩增。从厄尔·华盛顿的脸颊细胞和犯罪现场遗留的精液中提取的 DNA 很有可能就需要通过 PCR 扩增。PCR 是在插入自动化机器里的试管中进行的，该机器能够连续进行加热和冷却的周期循环。高温会破坏双链 DNA 分子之间的氢键，从而使 DNA 变性，形成两条 DNA 单链。

一旦 DNA 的双链解离，一种被称为 Taq 聚合酶的特殊耐热酶就会利用试管里含有的核苷酸，以分离的 DNA 单链作为模板构建新的 DNA。Taq 聚合酶名字的第一部分之所以是 "Taq"，是因为它最先是从美国黄石国家公园里发现的水生嗜热菌（Thermus aquaticus）里分离出来的。黄石国家公园里的间歇泉和温泉的温度高达 200℉（约 93.3℃），Taq 聚合酶可以耐受这样的高温。

Taq 聚合酶名字的第二部分 "聚合酶" 描述了它的合成活性，即它是一种

DNA 聚合酶。该聚合酶需要一个名为引物的 DNA 短序列位于在被复制区域的开始位置。科学家知道需要扩增的 STR 的序列，所以找到正确的引物并不难。多次重复循环加热和冷却试管，PCR 每一轮循环都可以使试管中双链 DNA 的数量翻倍。在短短几小时内，每个 STR 区域能产生数百万个副本，供科学家进行分析（见图 8-9）。然后，将个体被复制的 STR 混合物放置在一种被称为琼脂糖凝胶（其黏稠度与明胶相似）的固体支持介质中并施加电流，混合物移动通过凝胶而被分离。当施加电流时，凝胶对较大 DNA 片段的阻力比对较小 DNA 片段的阻力更大。这种利用电流基于 DNA 分子的大小来分离 DNA 片段的方法被称为凝胶电泳。

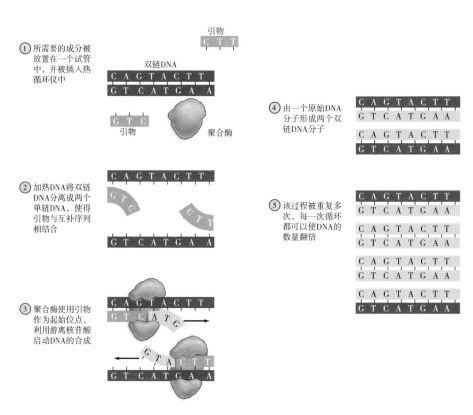

① 所需要的成分被放置在一个试管中，并被插入热循环仪中

引物

双链DNA

② 加热DNA将双链DNA分离成两个单链DNA，使得引物与互补序列相结合

③ 聚合酶使用引物作为起始位点，利用游离核苷酸启动DNA的合成

聚合酶

④ 由一个原始DNA分子形成两个双链DNA分子

⑤ 该过程被重复多次，每一次循环都可以使DNA的数量翻倍

图 8-9　PCR

注：PCR 被用来复制 DNA。每一轮循环 PCR 都可以使 DNA 分子的数量翻倍，在短时间内产生数百万个 DNA 片段的副本。

迄今为止,"无辜计划"开展的 DNA 图谱鉴定工作已经使 350 名无辜囚犯重获自由,并识别了近 150 名真正的罪犯。我们对生物学的理解,特别是对基因和 DNA 的了解,极大地推动了正义事业的发展。通过明确地识别罪犯并使嫌疑人洗脱罪名,不断增长的知识帮助纠正了目击证人所做出的错误指认。正因为科学知识的加持,我们现在对这些错误有了更好的理解。

要点回顾
BIOLOGY : SCIENCE FOR LIFE >>>

- 性状涉及许多基因和环境之间的相互作用。相关表型范围广泛, 在近似钟形曲线的分布中展现出连续的变异。

- 特定环境下群体相关的遗传率值是独一无二的。即使一个性状具有高遗传率, 环境也可能导致个体之间的巨大差异。

- DNA 图谱鉴定是一种利用 DNA 序列的差异来精准识别个体身份的技术。当这项技术首次投入使用时, 它被称为 DNA 指纹分析, 因为它可以像真正的指纹识别技术一样识别个体。

BIOLOGY
SCIENCE FOR LIFE

09

转基因技术如何改变
我们的生活？

妙趣横生的生物学课堂

· 基因改造技术的科学原理是什么?

· 基因改造如何提升奶牛的产奶量?

· 转基因食品都是安全的吗?

· 人类能通过运用基因改造技术克服绝症吗?

在美国和西欧地区，许多人选择在食品合作社购买食品杂货，因为这里不出售转基因产品。为了避免购买转基因食品，他们宁愿多花一些钱。这些消费者不喝使用生长激素饲养的奶牛所产的牛奶，也不食用使用基因技术生产的水果和蔬菜。

除了选择在杂货店购买食物，许多人抗议生产转基因食品，并致力于推动立法以阻止这类食品进入市场，或者至少确保生产商在包装上清楚地标示出转基因食品。但由于他们的主张缺乏科学证据的支持，这些抗议行为和声音使他们损失的可能不仅仅是金钱。

反对转基因技术会影响贫困人口吗？生活贫困的人在争论中没有发言权，但可能会遭受更多的损失。以黄金大米为例，这种转基因大米可以帮助防止维生素A缺乏，而缺乏维生素A会给地球上那些处于极端贫困状态的人带来严重的健康问题。这种大米因为富含合成维生素A所需的β–胡萝卜素而呈金黄色。

根据世界卫生组织和联合国儿童基金会的调查，在发展中国家，40%的5岁以下儿童缺乏维生素A。缺乏维生素A不仅会损害免疫系统，导致高死亡率，同时也是儿童失明的主要原因。全球每年有50万名儿童失明，其中大约一半可能在失去视力的1年内死亡。

尽管世界各地的科学机构和监管机构一再证实转基因食品是安全的，但绿色和平组织等反转基因生物的组织一直在致力于减缓包括黄金大米在内的转基因食品的开发和销售。

在没有科学证据支持他们主张的情况下，那些能获得稳定粮食供应的发达国家的人是否应阻止能够帮助数百万贫困人口的技术发展呢？为了更好地理解关于该技术和其他许多基因技术的争论，我们将看看人们是如何利用这些技术的，以及他们为什么利用这些技术，并探讨它们背后潜在的伦理问题。

Q1 基因改造技术的科学原理是什么？

很多人对基因改造技术闻之色变，认为这是一把开启灾难大门的钥匙。与此同时，也有人声称基因改造技术可以帮助人们治疗绝症，给人类创造更美好的未来。究竟哪一方的说法更符合科学呢？我们不妨先来了解一下基因改造技术的原理。

科学家改造生物体的一种方法是改变某一特定基因所产生的蛋白质数量。调节一个细胞产生特定的蛋白质数量也被称为调节基因表达。所有生物都有能力调节基因表达以应对环境的变化，这是因为特定的基因可以增加或减少蛋白质产生量，以满足细胞不断变化的需求，而不会使细胞在产生不需要的蛋白质上浪费能量。

科学家们通过实验室研究，已经找到了如何利用这一现象来控制基因表达的方法。科学家控制基因表达的最早案例之一发生在 20 世纪 80 年代初，当时基因工程师开始在实验室中生产重组牛生长激素（rBGH）。重组牛生长激素是一种由基因工程细菌合成的蛋白质，这些细菌细胞的 DNA 经过改造，可以携带一种在合适条件下就能产生牛生长激素的指令或编码。生长激素作用于许多不同的器官，以促进身体生长。实验室生产的牛生长激素可以被注射到奶牛体内，以增加它们的产奶量。

生长激素（蛋白质）或其他任何蛋白质在细菌或细胞中的生产，都需要使用 DNA 编码的遗传信息。

从基因到蛋白质

蛋白质合成是细胞或细菌使用基因携带的指令来制造一种特定的蛋白质。基因并不直接制造蛋白质，而是携带了规定应该如何制造蛋白质的指令。为了充分理解蛋白质合成，我们需要回顾一些关于 DNA、基因和 RNA 的基础知识。首先，DNA 是一种脱氧核苷酸聚合物，脱氧核苷酸能根据互补性彼此形成化学键。回想一下，DNA 中的 A 和 T 是相互连接的互补碱基对。同样，C 和 G 也是相互连接的互补碱基对。其次，基因是编码蛋白质的 DNA 序列。蛋白质是由氨基酸组成的大分子，每种蛋白质都有由其特定结构所决定的独特功能。蛋白质的结构是由组成它的氨基酸的种类及顺序决定的，氨基酸的化学性质决定了蛋白质以一种特定的方式折叠。在编码蛋白质之前，基因携带的指令首先被复制。基因复制后产生的副本不是由 DNA 构成，而是由 RNA 构成。

就像 DNA 一样，RNA 是一种核苷酸聚合物。核苷酸由糖、磷酸基团和含氮碱基组成。DNA 中的糖是脱氧核糖，而 RNA 中的糖是核糖。RNA 中有含氮碱基尿嘧啶（U），它代替了 DNA 构成中的 T；像 T 一样，U 总是与 A 配对。RNA 通常是单链的，而不像 DNA 那样是双链的（见图 9-1）。

当一个细胞需要一种特定的蛋白质时，就会以 DNA 为向导或模板产生一条 RNA 链。在 RNA 链合成的过程中，RNA 核苷酸能够与 DNA 核苷酸互补配对。C 和 G 配对，A 和 U 配对。然后 RNA 副本作为一种蓝图，告诉细胞哪些氨基酸应结合在一起产生蛋白质。因此，真核细胞中遗传信息的传递是从 DNA 到 RNA 再到蛋白质（见图 9-2）。

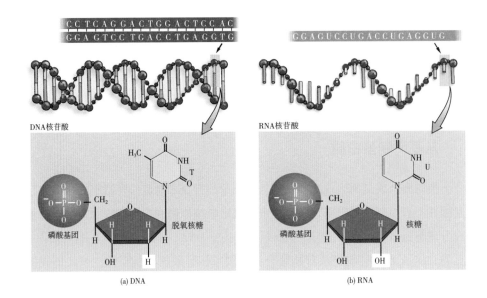

DNA核苷酸

RNA核苷酸

磷酸基团　脱氧核糖

磷酸基团　核糖

(a) DNA

(b) RNA

图 9-1　DNA 和 RNA

注：（a）DNA 是双链的。DNA 核苷酸是由脱氧核糖、磷酸盐基团和含氮碱基（A、G、C 或 T）组成的。

（b）RNA 是单链的。RNA 核苷酸是由核糖、磷酸盐基团和含氮碱基（A、G、C 或 U）组成的。

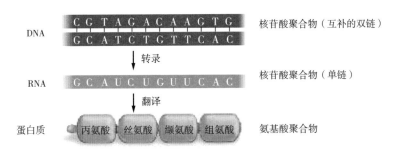

图 9-2　遗传信息的传递

注：遗传信息的传递是从 DNA 到 RNA，再到蛋白质。

　　这种遗传信息的传递在细胞中是如何发生的？从基因到蛋白质需要两个步骤。第一步被称为转录，包括产生所需基因的副本。就像演讲的文字记录是口头陈述的书面版本一样，细胞内的转录会产生原始基因的转录物，用 RNA 核苷酸取代 DNA 核苷酸。第二步被称为翻译，包括解码转录产生的 RNA 序列，并产生基因编码的蛋白质。就像翻译人员将一种语言转译成另一种语言一样，细胞中的翻译需要从核苷酸，即 DNA 和 RNA 的语言转换到蛋白质的语言。

转录

转录是将 DNA 基因转换成 RNA 的过程。这个 RNA 副本是由一种叫作 RNA 聚合酶的酶合成的。RNA 聚合酶与每个基因起始点上被称为启动子的核苷酸序列结合时，转录开始。一旦 RNA 聚合酶通过与启动子结合将基因的起始点定位，它就会沿着包含该起始点的 DNA 螺旋链移动（见图 9-3）。当 RNA 聚合酶沿着基因移动时，它会解开 DNA 的双螺旋结构，并将 RNA 核苷酸结合在一起。RNA 核苷酸与 RNA 聚合酶用作模板的 DNA 链是互补的。这就导致了与该基因的 DNA 序列互补的单链 RNA 分子的产生。这种与 DNA 基因互补的 RNA 副本被称为信使 RNA（mRNA），因为它携带着要表达的遗传信息。

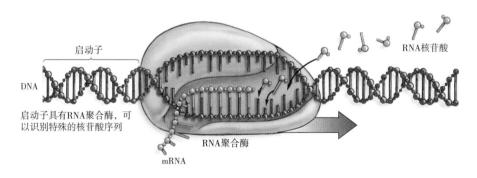

图 9-3　转录

注：RNA 链中的核苷酸与 DNA 上的互补碱基之间形成氢键，与此同时，RNA 聚合酶将 RNA 链中的核苷酸结合在一起。当 RNA 聚合酶到达基因末端时，转录产物 mRNA 被释放出来。

翻译

从基因到蛋白质的第二步是翻译。翻译需要使用 mRNA 来产生基因所编码的蛋白质。为了使这个过程能够发生，细胞需要 mRNA，即一种使氨基酸以适当顺序连接的供给品，还需要一些以 ATP 形式存在的能量。翻译还需要核糖体结构和转运 RNA（tRNA）。

核糖体。 核糖体是一种亚细胞球形结构，它是由另一种被称为核糖体 RNA（rRNA）的 RNA 组成的，rRNA 被许多不同的蛋白质包绕。每个核糖体都由两个亚基组成，一个大亚基和一个小亚基。当核糖体的大亚基和小亚基结合在一起时，mRNA 可以在它们之间通过。此外，核糖体还可以与携带氨基酸的 tRNA 结合。

tRNA。 tRNA 是细胞中的另一种 RNA。一个单独的 tRNA 分子携带一种特定的氨基酸，并与 mRNA 相互作用，将氨基酸放置在生成多肽的正确位置上。

当 mRNA 通过核糖体时，小的核苷酸序列就会依次显露出来。这些 mRNA 序列被称为密码子，是由三个核苷酸组成的序列，能够识别一种特定的氨基酸。tRNA 也有一组由三个核苷酸组成的序列，如果存在对应的序列，它们会与密码子结合。位于 tRNA 底部的这三个核苷酸被称为反密码子，因为它们与 mRNA 上的密码子互补。在特定的 tRNA 上的反密码子会与互补的 mRNA 密码子结合。通过这种方式，这个密码子与特定的氨基酸结合。核糖体沿着 mRNA 按顺序移动，暴露出的密码子用于和 tRNA 结合。

当一个 tRNA 反密码子与 mRNA 密码子结合时，核糖体将 tRNA 所携带的氨基酸添加到正在生成的氨基酸链中，相邻的氨基酸之间就形成了一个肽键，从而形成最终的蛋白质。tRNA 的功能类似于一种细胞翻译器（见图 9-4），它能流利地使用核苷酸语言（母语）和氨基酸语言（目标语）。

翻译过程允许细胞按基因编码的序列将氨基酸连接起来。科学家可以通过查看遗传密码来确定一个基因所编码的氨基酸序列。

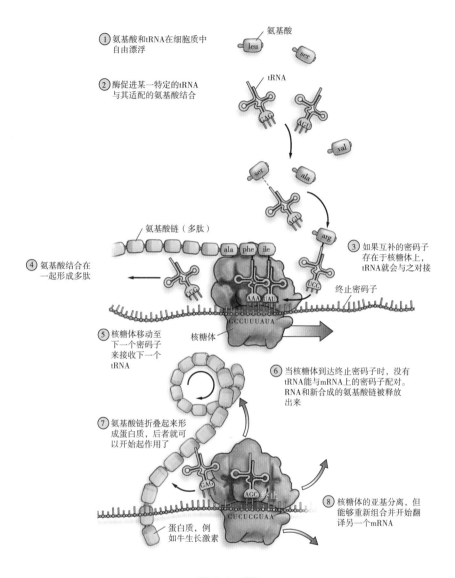

① 氨基酸和tRNA在细胞质中
自由漂浮

② 酶促进某一特定的tRNA
与其适配的氨基酸结合

③ 如果互补的密码子
存在于核糖体上，
tRNA就会与之对接

④ 氨基酸结合在
一起形成多肽

⑤ 核糖体移动至
下一个密码子
来接收下一个
tRNA

⑥ 当核糖体到达终止密码子时，没有
tRNA能与mRNA上的密码子配对。
RNA和新合成的氨基酸链被释放
出来

⑦ 氨基酸链折叠起来形
成蛋白质，后者就可
以开始起作用了

⑧ 核糖体的亚基分离，但
能够重新组合并开始翻
译另一个mRNA

图 9-4 翻译

注：在翻译过程中，mRNA 被用作蛋白质合成的模板。

遗传密码。遗传密码显示了哪些 mRNA 密码子编码哪些氨基酸。如表 9-1
所示，总共有 64 个密码子，其中有 61 个密码子编码氨基酸，另外 3 个密码子
是终止密码子，出现在 mRNA 的末端附近。在表中，你可以看到密码子 AUG

既是一个起始密码子，因此出现在每个 mRNA 的起始处附近，也是一个指示甲硫氨酸（met）并入正在合成的氨基酸链中的密码子。

表 9-1　遗传密码

		第二碱基				
		U	C	A	G	
第一碱基	U	UUU UUC 苯丙氨酸 (phe) UUA UUG 亮氨酸 (leu)	UCU UCC UCA UCG 丝氨酸 (ser)	UAU UAC 酪氨酸 (tyr) UAA UAG 终止密码子	UGU UGC 半胱氨酸 (cys) UGA 终止密码子 UGG 色氨酸 (trp)	U C A G
	C	CUU CUC CUA CUG 亮氨酸 (leu)	CCU CCC CCA CCG 脯氨酸 (pro)	CAU CAC 组氨酸 (his) CAA CAG 谷氨酰胺 (gln)	CGU CGC CGA CGG 精氨酸 (arg)	U C A G
	A	AUU AUC AUA 异亮氨酸 (ile) AUG 甲硫氨酸 (met) 起始密码子	ACU ACC ACA ACG 苏氨酸(thr)	AAU AAC 天冬酰胺 (asn) AAA AAG 赖氨酸 (lys)	AGU AGC 丝氨酸 (ser) AGA AGG 精氨酸 (arg)	U C A G
	G	GUU GUC GUA GUG 缬氨酸 (val)	GCU GCC GCA GCG 丙氨酸 (ala)	GAU GAC 天冬氨酸 (asp) GAA GAG 谷氨酸(glu)	GGU GGC GGA GGG 甘氨酸 (gly)	U C A G
						第三碱基

注：要确定每个 mRNA 密码子编码的氨基酸，首先查看表格左侧密码子中第一个核苷酸的碱基。全表总共有四行，每一行代表一种可能的 RNA 核苷酸，A、C、G 或者 U。然后查看表格顶部第二碱基列和第一碱基行的交集，以缩小搜索范围。最后，表格右侧密码子中的第三个核苷酸的碱基决定了一个特定的 mRNA 密码子编码的氨基酸。注意不编码氨基酸的三个密码子，UAA、UAG 和 UGA，它们是终止密码子。密码子 AUG 是一个起始密码子，出现在大多数蛋白质编码序列的开端。

　　遗传密码还有一些额外的特性。遗传密码具有冗余性但没有歧义，并且遗传密码也具有通用性。遗传密码的冗余性体现在多个密码子编码相同氨基酸的例子中。例如，苏氨酸（thr）在对密码子 ACU、ACC、ACA 和 ACG 做出反应时被并入蛋白质中。但无论如何，一个特定的密码子不可能编码一个以上的氨基酸。例如，AGU 只为丝氨酸（ser）编码。因此，关于任何密码子所编码的氨基酸，在遗传密码中是没有歧义的。生物体通常会解码相同的基因，从而产生相同的蛋白质，从这个意义上来说，遗传密码也具有通用性。这就是基因可以从一个生物体转移到另一个生物体的原因。

突变

DNA 序列的变化被称为突变。突变会影响翻译过程中并入蛋白质中的氨基酸的顺序或类型。一个基因的突变会导致一个基因不同等位基因的产生。DNA 的变化会改变其编码的蛋白质的氨基酸顺序，导致一种非功能性蛋白质产生，或者一种与之前所需蛋白质截然不同的蛋白质产生。如果这种蛋白质没有相同的氨基酸组成，它可能无法完成相同的功能（见图 9-5）。例如，一个核苷酸的突变，可能会导致一种新的氨基酸并入血红蛋白中，损害细胞携带氧气的能力，从而导致镰状细胞性贫血。

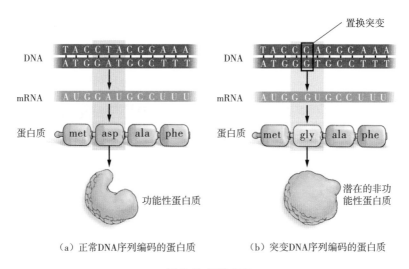

（a）正常DNA序列编码的蛋白质　　　　（b）突变DNA序列编码的蛋白质

图 9-5　置换突变

注：正常 DNA 序列（a）的单个核苷酸变化，就可能导致对应并入的氨基酸发生改变。如果替代的氨基酸的化学性质与原来的氨基酸不同，那么蛋白质就会呈现出不同的形状，从而失去其发挥作用的能力。

突变对蛋白质没有影响的情况也是存在的。DNA 的变化导致 mRNA 密码子发生改变，如果该 mRNA 密码子编码的氨基酸与原来所需的氨基酸相同，在这种情况下突变对 DNA 编码的蛋白质就没有影响。例如，由于遗传密码的冗余，mRNA 密码子从 ACU 突变为 ACC 不会产生影响，因为这两个密码子都是对应苏氨酸的密码子，这被称为中性突变（见图 9-6a）。此外，突变可能导致一种氨基酸取代另一种具有相似化学性质的氨基酸，这可能对蛋白质几乎没有或根本没有影响。

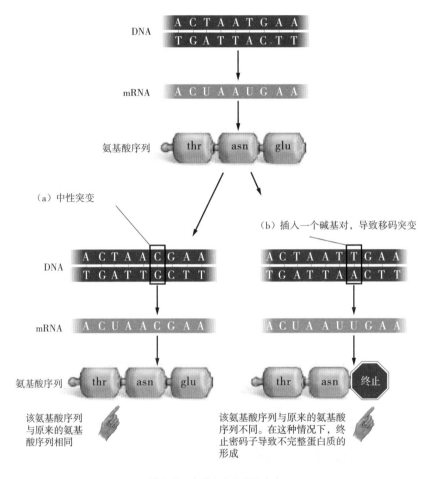

图 9-6　中性突变和移码突变

注：中性突变导致与原来所需相同的氨基酸的并入（a）。核苷酸的插入或删除会导致移码突变（b）。

插入或删除单个核苷酸会产生严重影响，因为添加或删除核苷酸会改变后面每个密码子中的核苷酸分组情况（见图 9-6b）。改变三联体分组被称为改变阅读框。在插入或删除核苷酸后，所有存在的核苷酸将被重新组合为不同的密码子，产生移码突变。例如，在句子"狗吃了猫。"（The dog ate the cat.）的第四个字母后插入额外的字母"H"，就是将阅读框改为了毫无意义的句子，"The dHo gat eth eca t."。在细胞内，这往往导致一个终止密码子的编入和一个缩短的非功能性蛋白质的产生。

所有生物体的细胞都会经历这种蛋白质合成过程，而不同类型的细胞会选择不同的基因来产生蛋白质（见图9-7）。在真核细胞中，转录和翻译在空间上是分开的，转录发生在细胞核中，而翻译发生在细胞质中。没有膜包裹的细胞核和细胞器的细胞，比如细菌这样的原核细胞，也会进行蛋白质合成。在这些细胞中，转录和翻译在同一时间和同一位置发生，而不是在不同的地方发生。当一个mRNA由转录产生时，核糖体同时与其结合在一起并开始翻译。

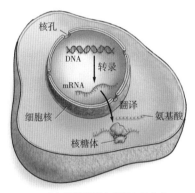

（a）真核细胞中的蛋白质合成　　　　　（b）原核细胞中的蛋白质合成

图9-7　真核细胞和原核细胞中的蛋白质合成

注：（a）在真核细胞中，转录发生在细胞核中，翻译发生在细胞质中。（b）在没有细胞核的原核细胞中，转录和翻译同时发生。

基因表达

你体内的每个细胞，除了精子和卵细胞，都有你从父母那里遗传而来的相同的基因，但这些基因中只有一小部分实现了基因表达。例如，因为你的肌肉和神经各自执行一套特定的任务，肌肉细胞开启或表达一组基因，神经细胞则开启或表达另一组基因（见图 9-8）。特定的基因表达被开启或关闭，或被更微妙地调节，这样基因就能对细胞的需求做出反应。

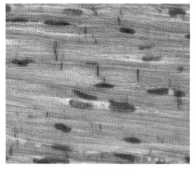

（a）肌肉细胞　　　　　　　　　　（b）神经细胞

图 9-8　基因表达因细胞而异

注：（a）肌肉细胞与（b）神经细胞具有不同功能。这两种细胞的细胞核中都有一组相同的基因，但表达不同的基因亚群。

基因工程可以在许多不同的情况下精确地控制基因表达。以 rBGH（重组牛生长激素）为例，农民可以简单地决定向奶牛的血液中注射这种蛋白质的量。然而，使用这种激素的前提是必须先合成这种蛋白质，我们将在下一小节中探讨这一内容。

Q2　基因改造如何提升奶牛的产奶量？

在美国，大多数奶牛每天都要接受 rBGH 注射。这样的注射可以使每头奶牛的产奶量增加约 20%。在向奶农销售 rBGH 之前，科学家必须证明其产品不会对奶牛或饮用牛奶的人造成伤害。作为该过程的一部分，研究人员获得了美国食品和药物管理局的批准，该政府机构负责确保所有美国国内和进口食品及食品配料的安全（由美国农业部监管的肉类和家禽除外）。根据美国食品和药物管理局的解释，对接

受 rBGH 注射和未接受 rBGH 注射的奶牛所产的奶进行检测，并没有
检测到这两种奶的区别，也没有办法将这两种奶进行区分。

大量生产 rBGH 蛋白质的第一步是将 BGH 基因从牛细胞核转移至细菌中。
细菌是能迅速复制自己的单细胞原核生物。如果将它们放在含有生存所需营养
的培养液中，它们可以在实验室里快速成长。携带 BGH 基因的细菌，其功能
就宛如工厂，可以产生数百万个该基因的副本及其蛋白质产物。产生一个基因
的多个副本被称为对该基因进行克隆。

利用细菌来克隆基因

将 BGH 基因转移至细菌细胞中包括以下 3 个步骤（见图 9-9）[1]。

步骤 1：从奶牛的染色体上移除基因。通过将奶牛的 DNA 暴露在能够剪
切 DNA 的酶中，就能将奶牛染色体上的基因剪切掉。这些酶被称为限制性内
切酶，其作用就像高度特异性分子剪刀。大多数限制性内切酶只在被称为回文
序列的特定序列上剪切 DNA。例如：

T A T C G T A C G A A C
A T A G C A T G C T T G

请注意，底部中间序列与顶部中间序列相反。许多限制性内切酶以交错的
方式剪切 DNA，留下"黏性末端"。

---

① 作者在此介绍了构建重组质粒的传统方法，若采用其他方法构建重组质粒，则步骤与文中提及
的有所差异。

——编者注

科学家所选择的酶在 BGH 基因的两端而不是基因内部进行剪切。

特殊的限制性内切酶可以在特定的序列上剪切 DNA。因此，科学家需要有关生物体基因组的信息，以确定在目标基因周围有哪些限制性内切酶剪切位点。剪切 DNA 将产生许多不同的片段，其中只有一个片段携带了目标基因。

步骤 2：将 BGH 基因插入细菌质粒中。一旦从奶牛的基因组中移除基因，基因就会被插入一种被称为质粒的细菌结构中。质粒是一个环状的 DNA 片段，通常独立于细菌染色体存在，并可以独立于细菌染色体进行复制。我们可以将质粒想象成一艘分子渡船，它可以携带基因进入细菌细胞，并在那里进行复制。为了将 BGH 基因合并到质粒中，质粒也要用剪切基因时所用的相同的限制性内切酶进行剪切。如果用相同的酶剪切质粒和基因，那么生成的黏性末端就会成为彼此互补的碱基对（A 与 T、G 与 C 结合形成碱基对）。当被剪切的质粒和基因一起被放置到一个含有连接酶的试管中时，它们会重新形成一个带有额外整合基因的质粒。

现在，这种细菌质粒经过基因工程改造，携带了奶牛的基因。此时，BGH 基因被称为 rBGH 基因，在这里"r"表示该产物是经过基因工程或重组产生的，因为从奶牛基因组中获取的 BGH 基因与质粒 DNA 进行了重组。

步骤 3：将重组质粒插入细菌细胞里。现在，重组质粒被插入细菌细胞中。我们可以对细菌进行处理，使它们的细胞膜变得易于通过。当处理过的细菌被放置在质粒悬浮液中，细菌细胞允许质粒回到其细胞质中。一旦进入细胞，质粒就会进行自我复制，同时细菌进行繁殖，从而产生数千个 rBGH 基因的副本。通过这一过程，科学家可以培养出大量能够产生 BGH 蛋白质的细菌。

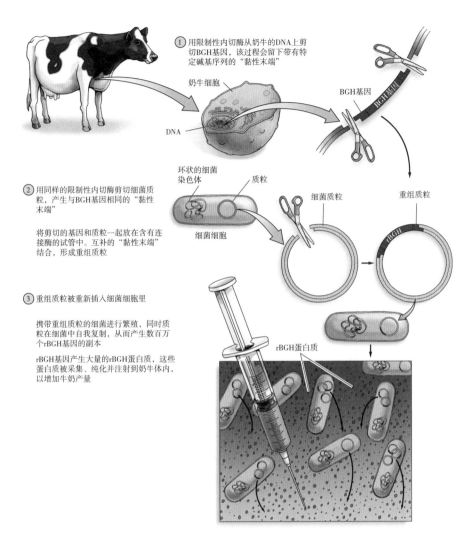

① 用限制性内切酶从奶牛的DNA上剪切BGH基因，该过程会留下带有特定碱基序列的"黏性末端"

奶牛细胞

DNA

BGH基因

② 用同样的限制性内切酶剪切细菌质粒，产生与BGH基因相同的"黏性末端"

将剪切的基因和质粒一起放在含有连接酶的试管中。互补的"黏性末端"结合，形成重组质粒

环状的细菌染色体

质粒

细菌细胞

细菌质粒

重组质粒

③ 重组质粒被重新插入细菌细胞里

携带重组质粒的细菌进行繁殖，同时质粒在细菌中自我复制，从而产生数百万个rBGH基因的副本

rBGH基因产生大量的rBGH蛋白质，这些蛋白质被采集、纯化并注射到奶牛体内，以增加牛奶产量

rBGH蛋白质

图9-9　利用细菌来克隆基因并生产相关蛋白质

注：细菌的作用好比工厂，可以用于生产人类或其他动物的蛋白质。

　　一旦科学家成功地将 BGH 基因克隆到细菌细胞中，细菌就会产生基因编码的蛋白质。然后，科学家打破细菌细胞，分离 BGH 蛋白质，并将其注射到奶牛体内。人类可以通过基因工程利用细菌来生产许多对人类很重要的蛋白质。例如，现在，细菌被用来制造血友病患者所缺少的凝血蛋白，以及糖尿病

患者所需的胰岛素。

rBGH 的例子与大多数转基因生物的例子略有不同，因为 rBGH 蛋白质是由细菌产生的，然后被注射于奶牛身上。当生物体被进行基因改造时，基因组本身也会发生改变，这一点我们将在下一节中介绍。

Q3 转基因食品都是安全的吗？

除非你坚决抵制食用转基因食品，否则在过去的 20 年里，你每天都在吃转基因食品。美国种植的大部分玉米和大豆都是转基因产品（见图 9-10），其他作物经过转基因改造的比例也在上升。大多数加工食品含有来自转基因植物的玉米糖浆、大豆或植物油。一些消费者对此感到不安，而另一些人则发现，数千年来动植物一直经由人工选择而被人类改造，这一事实使他们的担忧得以缓和。每当农民选择用某种植物或动物来繁育下一代时，他们就通过人工选择改变了该生物种群中的等位基因频率（见图 9-11）。黄金大米最早是通过人工选择培育出来的。当人工选择技术只能经过许多代才能获得 β – 胡萝卜素水平略高于正常水平的品种时，科学家转而使用现有的基因技术。通过基因改造，黄金大米的 β – 胡萝卜素含量仅经过一代就能提高 20 倍以上。

通过杂交来提升植物的营养价值，或者饲养上文提到的能产更多奶的奶牛，虽然这些方法并不涉及将基因组从一个生物体转移到另一个生物体，但这些方法确实对特定基因的传播进行了选择。

除了提高产生理想性状的速度，基因技术的使用也增加了可供选择的基因组合。例如，杂交的两种玉米只能获取它们基因组包含的基因控制的性状。通过基因工程，其他生物体的基因可以被引入该基因组中。正是这种来自不相关生物体的基因"剪接"，引起了人们对加工食品的大多数担忧。要想了解这些担忧是否合理，我们必须首先了解农作物是如何被改造的。

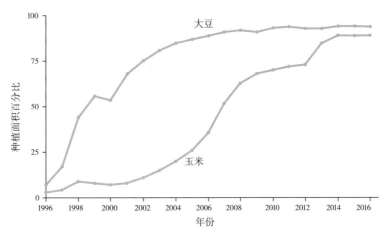

图 9-10　转基因大豆和玉米

注：这张图使用了美国农业部提供的数据，展示了抗除草剂转基因大豆和玉米种植
面积百分比的增长情况。

图 9-11　玉米的人工选择

注：通过选择育种技术，人们利用古老的墨
西哥类蜀黍培育出了现代玉米（最右）。

转基因农作物

要将一个新基因移入植物基因组，该基因必须能够进入植物细胞，这意味着它必须能够穿过植物坚硬的细胞壁。通过使用一种被称为基因枪的设备，人们可以将目标基因转移到玉米、大麦和水稻等许多农作物中。基因枪将包裹着外源 DNA 的金属涂层颗粒射入植物细胞（见图 9-12）。这些基因中的一小部

分可能被整合到植物基因组中。当一个物种的基因与另一个物种的基因组结合在一起时，转基因生物就产生了。当经过处理的植物胚胎长成成年植物时，它所有细胞都含有插入的基因，该基因将被传递给它的后代。

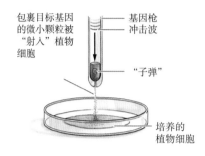

图 9-12　使用基因枪对植物进行基因改造

注：基因枪向植物细胞发射塑料子弹，子弹上装有 DNA 涂层的小颗粒。子弹不会离开枪，但覆盖着 DNA 的颗粒会进入一些细胞的细胞核，促使原细胞成为转基因细胞，这种细胞可以生长为转基因植物，并将这种转基因传给后代。

农作物经过基因改造可以延长保质期。例如，西红柿经过基因改造，软化和成熟的速度更慢。成熟时间越长，西红柿长在藤上的时间就越长，味道也就越好。更慢的成熟过程也增加了西红柿的吸引力，一些不想购买过熟或被碰伤蔬果的消费者表示他们更喜欢这种西红柿。

当植物对杀虫剂和除草剂具有抗性时，基因工程技术就可以提高农作物的产量。几个世纪以来，为了提高农作物产量，农民一直努力杀死破坏农作物的害虫，并控制杂草的生长以避免其与农作物争夺营养、水和阳光。在美国，农民通常直接向农田喷洒大量化学农药、杀虫剂和除草剂。这种做法令人担忧，因为食用这些有毒或致癌化学物质处理过的食物会对健康造成影响。此外，杀虫剂和除草剂会渗入土壤，污染饮用水源。目前有一些证据表明，转基因植物具有抗杀虫剂和除草剂的特性，这使得农民可以减少使用这些化学物质。

另一个令人担忧的问题是，转基因作物可能会将改造过的基因转移到它们的野生种或与其有亲缘关系的杂草中。风、雨、鸟和蜜蜂可以将经过基因改造的花粉带到附近种植非转基因作物的田地里，从而使相关的植物受到影响。许多栽培作物保留了与野生近缘种杂交的能力。在这样的情况下，来自转基因农作物的基因可以与来自野生作物的基因混合，也可以与附近农场种植的作物基因混合，其中包括那些有机作物，即不含有转基因的作物。

转基因动物

与一些植物相似，一些动物也都经历过基因改造。经过基因改造，阿拉斯加鲑鱼携带了其他鱼类的基因，这使得它们比正常的鲑鱼体型更大，生长速度也更快。研究人员将一种生长速度较快的鱼类的基因注射到阿拉斯加野生鲑鱼的受精卵里，这种基因编码一种生长激素。因为这种基因被注射进受精卵中，所以所有成年鲑鱼的细胞都将表达出这种增强版的生长因子。

转基因鲑鱼吃的食物更少，但生长速度却是正常鲑鱼的两倍。它们也可以在城市附近隔离出的特定区域内被养殖，这可以降低运输成本，也阻止了这些鲑鱼与野生鱼类交配繁殖。如果将转基因鲑鱼放生到溪流中，它们将与野生鱼类进行繁殖。若发生杂交，交配产生的后代生存能力可能会优于非转基因鱼类，并破坏水生食物网。消费者是否会注意到转基因鲑鱼和他们习惯吃的非转基因鲑鱼的味道有什么不同，这还有待观察。

转基因动物除了供人类食用，还可以在其他方面帮助人类。"pharming"（生物制药）是由"pharmaceutical"（制药的）和"farming"（农业）这两个词合成的，是指通过饲养转基因动物或种植转基因植物以获取的具有治疗或预防疾病效果的药物。

烟草植物经过基因改造，可以产生通常存在于人类血液中的蛋白质。山羊经过基因改造，可以产生带有一种人凝血蛋白的羊奶（见图9-13）。人们对生物制药的担忧包括以这种方式利用动物所产生的伦理问题，以及转基因植物或动物基因通过繁殖而导致的不受控制的基因扩散。

（a）将人凝血基因注入山羊的受精卵　　（b）怀孕的母山羊　　（c）正在被挤奶的山羊后代

图 9-13　含人凝血蛋白的山羊奶

注：成群的山羊经过基因改造产生人凝血蛋白，具体过程是：（a）向山羊受精卵中显微注射①人凝血蛋白基因；（b）将含有该基因的受精卵植入母山羊体内；（c）为山羊的后代挤奶以获得人凝血蛋白。每只山羊产生的凝血蛋白比从数万人捐献的血液中分离出来的凝血蛋白还要多。

利用 CRISPR 对动植物进行基因编辑

科学家最近发现了一种直接改变、删除，甚至替换生物体 DNA 序列的方法，而不是将自然界中永远不会交配的物种的基因组合在一起以产生转基因生物。科学家们正在使用的强大的基因编辑工具被称为"成簇规律间隔短回文重复序列"（clustered regularly interspaced short palindromic repeats，CRISPR）。这一技术比以前的技术更快、更有效、更省力，该技术能对农作物和动物进行精确的基因改造，以删除突变并添加所需的基因序列。

CRISPR 是细菌免疫系统中自然存在的一部分。该功能的进化使细菌能够通过去除入侵病毒携带的遗传信息来阻止病毒感染。科学家已经将这种细菌免疫系统应用在其他生物体上。CRISPR 系统有两个组成部分：第一部分是找到该系统要编辑的 DNA 序列的 RNA 向导；第二部分是一种酶，其功能就像分子剪刀一样，可以剪切不需要的 DNA，并用正确的 DNA 序列替换它。

科学家正在尝试使用这种技术来删除农作物中吸引害虫的基因，从而减少

---

① 显微注射是一种将外源 DNA 直接注射到活细胞（体细胞、卵细胞、卵母细胞、动物胚胎）的技术。

——译者注

杀虫剂的使用。此外，可能在未来的某一天，经基因改造的农作物将能在更长时间里保持新鲜，或者含有更多的营养物质或纤维。对动物的改造也即将出现。家畜饲养者也许能使用 CRISPR 技术培育肌肉含量更高或瘦肉更多的动物。科学家甚至试图编辑猪胚胎中的基因，使其器官适合移植给人类。

也许 CRISPR 技术最令人兴奋的用途是编辑与引起疟疾的蚊子繁殖有关的基因，使这种蚊子因无法繁殖而灭绝。这将使每年有近 100 万非洲人避免死于疟疾，其中 70% 是儿童。

Q4　人类能通过运用基因改造技术克服绝症吗？

毫不奇怪，对人类进行基因改造比对其他生物进行基因改造更有争议。从使用干细胞到基因治疗、人类基因编辑，甚至是充满争议的克隆人类，它们潜在的风险和益处仍在不断地涌现。

干细胞

干细胞是未特化或未分化的前体细胞，尚未被编程以执行特定功能。它们能够变成任何其他的细胞类型。想象一下，如果你正在改造旧房子，你有一种材料，你能把它塑造成你可能需要的任何东西，比如砖头、瓷砖、管道、石膏等。科学家们认为，当选定某个特定的方向时，干细胞可以变成任何类型的细胞，因此它可以作为万能修复材料在体内发挥作用。

随着胚胎的发育，其细胞产生其他类型细胞的能力越来越弱。随着人类胚胎的成长，早期细胞开始分裂并形成不同的特化细胞，如心脏细胞、骨细胞和肌肉细胞。一旦形成，特化的细胞通过分裂只能产生自身的副本。它们不能"倒退"或变成另一种类型的细胞。

干细胞可以从生育治疗后留下的早期胚胎中分离而来。体外的受精过程通常会产生多余的胚胎，因为这一过程会从期待怀孕的某位女性身上采集较多卵细胞。然后，这些卵细胞与该女性的伴侣的精子在培养皿中混合，通常会产生许多受精卵，并长成胚胎。随后，一些胚胎被植入女性的子宫，而剩余的胚胎则被储存起来，以便如果这次怀孕失败或者这对夫妇想要更多孩子时可以进行更多的尝试。当这对夫妇达到预期的怀孕次数时，他们将面临如何处理剩余胚胎的选择。他们可以选择丢弃它们，或将它们捐赠给其他有生育问题的夫妇，或授权将它们用于干细胞研究。

干细胞也可以来自非胚胎组织，包括新生儿的脐带血和儿童的乳牙。成人干细胞存在于各种器官和组织中，包括骨髓、某些血管、肌肉、大脑及肝脏。干细胞在成人体内的作用是帮助维持组织功能和替代受损或病变的细胞。成人干细胞研究在某些方面进展得比预期更为迅速，因为干细胞可以在各种各样的组织中找到。但是成人干细胞的研究一直受到阻碍，因为某一特定组织里存在的干细胞数量较少，并且分裂次数有限。与使用来自胚胎的干细胞相比，上述的这些特性使得使用来自成人组织的干细胞生成有用的干细胞培养物更为困难。

无论是从胚胎还是从儿童和成人的组织中提取的干细胞，这些干细胞将来有一天都可能会被用来替代事故中受损的器官或由于退行性疾病而逐渐衰竭的器官。像肝脏和肺部疾病、心脏病、多发性硬化症、阿尔茨海默病和帕金森病这样的退行性疾病，开始时是器官的缓慢受损，而后发展为器官衰竭。

例如，干细胞可以用于制造健康的组织来替代那些因脊髓损伤或烧伤而受损的组织。使用干细胞制造健康的组织作为受损组织的替代物是一种治疗性克隆方法。干细胞可用于产生新的心肌来替代心脏病发作时受损的心肌，糖尿病患者可以通过干细胞疗法获得一个新的胰腺，患有某些类型关节炎的人则可以获得起到缓冲作用的替代性软骨来保护他们的关节。如果能在实验室里培养出新的器官，成千上万个等待器官移植的人就有可能重获新生。

基因治疗

一些科学家设法用功能性基因代替有缺陷的人类基因，他们正在为患者实施基因治疗。一种被称为体细胞基因治疗的基因疗法可以在体细胞中进行，以修复或替换受影响细胞中的有缺陷的蛋白质。利用这种方法，科学家在实验室中将有缺陷基因的有功能性的版本导入受影响的单个细胞中，让细胞繁殖，然后将携带修正后基因的细胞副本植入患者体内。

迄今为止，基因治疗的重点是单个基因引起的疾病，针对这些疾病，可以将有缺陷的细胞从患者身体里移除，经治疗后重新引入身体内。例如，科学家目前正在进行大量研究，以确定遗传性肺病囊性纤维化患者是否能够吸入携带囊性纤维化功能性基因副本的无害病毒。如果该基因能够进入肺细胞，并用功能性基因替代非功能性基因，患者的肺功能将得到改善（见图9-14）。

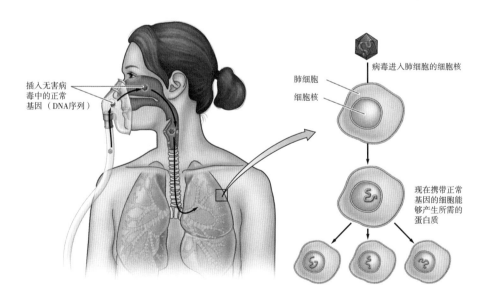

图 9-14   基因治疗

注：囊性纤维化患者的基因有缺陷，影响了正常的肺功能。吸入被插入无害病毒中的正常基因的副本，能够帮助恢复肺功能。

另外一种类型的基因工程是通过一种被称为生殖克隆的过程来精确复制整个生物体。该过程被证明是非常有争议的，特别是涉及克隆人类的时候。

人类基因编辑

在未来，基因编辑有可能帮助治愈或预防人类疾病。CRISPR 被用来改造实验室里被测试的肿瘤细胞，以确定癌症治疗的效力，CRISPR 也被用作从人类细胞中去除艾滋病病毒的方法。终有一日，我们甚至有可能通过编辑突变基因的 DNA 序列来修复突变基因。例如，针对导致凝血障碍的血友病，医生有可能从血友病患者身上抽取血细胞，在患者体外编辑这些细胞，然后把修复的血细胞输入人体。科学家已经在该领域进行了尝试，他们在动物身上开展实验，编辑了导致肌肉萎缩和囊性纤维化等疾病的基因。也许将来有一天，在实验室介导的体外受精尝试中，我们有可能通过基因编辑去除精子或卵细胞所携带的遗传疾病。

克隆人

虽然我们不习惯将同卵双胞胎视为克隆人，但实际上他们就相当于彼此的克隆体。当一个胚胎在发育早期分裂为两个独立的胚胎时，就产生了同卵双胞胎。实验室克隆动物时的处理过程虽不同，但结果是相同的，因为克隆的生物体与原生物体是"双胞胎"，它们只是出生时间相差了很多年而已。

科学家在实验室里已经克隆了许多不同的动物，包括绵羊、牛、山羊、猪、马、老鼠、猫、兔子、骆驼和猴子。最初的克隆尝试集中在一些家畜上，这些家畜所具有的遗传性状对农民有益。最早的克隆动物是能产出高质量羊毛的绵羊。由于动物的基因组在克隆过程中是被复制的，因此克隆有价值的牲畜的商业风险比简单地让两只动物交配繁殖要小得多。

用于克隆动物的实验室过程，即核移植，包括从成年动物的细胞中取出细

胞核，并将其与已移除细胞核的卵细胞相融合

同样的核移植技术似乎也可作用于克隆人类，但迄今为止，人们在伦理方面的担忧遏制了这种情况的发生。如果人类克隆真的发生了，我们尚不清楚植入的胚胎能否在妊娠期存活下来，也不知道克隆人（如果有的话）是否会存在健康问题。

要点回顾
BIOLOGY : SCIENCE FOR LIFE >>>

- 基因表达调控是对产生蛋白质的基因进行调节。这种调节包括降低或增加基因的转录量和翻译量。

- 科学研究表明, 接受 rBGH 注射的奶牛所产的牛奶对奶牛或喝牛奶的人无害。

- 虽然没有证据表明食用转基因食品会对健康产生负面影响, 但一些消费者仍持怀疑态度。

- 利用 CRISPR 进行的基因编辑可用于修复人类的缺陷基因, 包括修复人类胚胎, 但该技术的可靠性有待进一步的研究验证。

未来，属于终身学习者

我们正在亲历前所未有的变革——互联网改变了信息传递的方式，指数级技术快速发展并颠覆商业世界，人工智能正在侵占越来越多的人类领地。

面对这些变化，我们需要问自己：未来需要什么样的人才？

答案是，成为终身学习者。终身学习意味着永不停歇地追求全面的知识结构、强大的逻辑思考能力和敏锐的感知力。这是一种能够在不断变化中随时重建、更新认知体系的能力。阅读，无疑是帮助我们提高这种能力的最佳途径。

在充满不确定性的时代，答案并不总是简单地出现在书本之中。"读万卷书"不仅要亲自阅读、广泛阅读，也需要我们深入探索好书的内部世界，让知识不再局限于书本之中。

湛庐阅读 App: 与最聪明的人共同进化

我们现在推出全新的湛庐阅读 App，它将成为您在书本之外，践行终身学习的场所。

- 不用考虑"读什么"。这里汇集了湛庐所有纸质书、电子书、有声书和各种阅读服务。
- 可以学习"怎么读"。我们提供包括课程、精读班和讲书在内的全方位阅读解决方案。
- 谁来领读？您能最先了解到作者、译者、专家等大咖的前沿洞见，他们是高质量思想的源泉。
- 与谁共读？您将加入优秀的读者和终身学习者的行列，他们对阅读和学习具有持久的热情和源源不断的动力。

在湛庐阅读 App 首页，编辑为您精选了经典书目和优质音视频内容，每天早、中、晚更新，满足您不间断的阅读需求。

【特别专题】【主题书单】【人物特写】等原创专栏，提供专业、深度的解读和选书参考，回应社会议题，是您了解湛庐近千位重要作者思想的独家渠道。

在每本图书的详情页，您将通过深度导读栏目【专家视点】【深度访谈】和【书评】读懂、读透一本好书。

通过这个不设限的学习平台，您在任何时间、任何地点都能获得有价值的思想，并通过阅读实现终身学习。我们邀您共建一个与最聪明的人共同进化的社区，使其成为先进思想交汇的聚集地，这正是我们的使命和价值所在。

CHEERS

湛庐阅读 App
使用指南

读什么
- 纸质书
- 电子书
- 有声书

与谁共读
- 主题书单
- 特别专题
- 人物特写
- 日更专栏
- 编辑推荐

怎么读
- 课程
- 精读班
- 讲书
- 测一测
- 参考文献
- 图片资料

谁来领读
- 专家视点
- 深度访谈
- 书评
- 精彩视频

HERE COMES EVERYBODY

下载湛庐阅读 App
一站获取阅读服务